Das große Buch der

VERKEHRS-FLUGHÄFEN

Das große Buch der
VERKEHRS-FLUGHÄFEN

Dietmar Plath • Brigitte Rothfischer

GeraMond

Mit zwölfeinhalb Millionen Passagieren im Jahr 2007 belegte der Flughafen Kairo auf der Rangliste der weltgrößten Airports Platz 100. Immerhin ist er nach Johannesburg der zweitgrößte Flughafen in Afrika. Betrieben von der Fraport-Tochter Cairo Airport Company, wird er derzeit ausgebaut und renoviert.
Ende 2008 sollte ein neues, auf elf Millionen jährliche Fluggäste ausgelegtes Terminal 3 für Egypt Air und ihre Partner von der Star Alliance in Betrieb gehen. Zudem erhält der Airport eine vierte Start- und Landebahn.

Der Flughafen Frankfurt ist nicht nur Deutschlands größtes Drehkreuz und Heimat der Deutschen Lufthansa, sondern spielt auch weltweit in der ersten Liga. Über 54 Millionen Fluggäste und mehr als zwei Millionen Tonnen Fracht wurden hier im Jahr 2007 abgefertigt, was den Airport zum achtgrößten der Welt macht.

Produktmanagement: Dr. Wolf-Heinrich Kulke
Korrektorat: Michael Dörflinger
Layout: imprint, Ilona Külen, Zusmarshausen
Repro: Cromika s.a.s, Verona
Herstellung: Thomas Fischer

Alle Angaben dieses Werkes wurden von den Autoren sorgfältig recherchiert und auf den aktuellen Stand gebracht sowie vom Verlag geprüft. Für die Richtigkeit der Angaben kann jedoch keine Haftung übernommen werden. Für Hinweise und Anregungen sind wir jederzeit dankbar. Richten Sie diese an:
GeraMond Verlag Lektorat
Postfach 40 02 09
80702 München
e-mail: lektorat@geranova.de

Die Deutsche Bibliothek – CIP Einheitsaufnahme
Ein Titeldatensatz für diese Publikation ist bei der Deutschen Bibliothek erhältlich.

Ein Unternehmen der
GeraNova Zeitschriftenverlag GmbH
München

Printet by Printer Trento S.r.l.
ISBN: 978-3-7654-7005-9

Die im Buch dargestellten Zahlen beziehen sich, soweit nicht anders vermerkt, auf das Jahr 2007. Die ACI-Daten beruhen auf den vorläufigen Ranglisten, da die endgültige Fassung dieser Daten bei Redaktionsschluss noch nicht vorlag.

Inhalt

Oben: In Berlin-Johannisthal wurde der erste Flugplatz Deutschlands eingerichtet, da die Militärführung ihren damaligen Exerzierplatz Tempelhofer Feld keinen Experimenten öffnen wollte.

Links: 1911 startete mit dem Deutschen Rundflug, der über 1854 Kilometer führte, das erste fliegerische Großereignis in Deutschland. Rund 500.000 Zuschauer drängten nach Johannisthal, um den Start der Teilnehmer, hier den Otto Reichardts, zu erleben.

Der Airport wird 100

Entwicklungen einer neuartigen Infrastruktur

Im Jahr 2009 feiert eine der jüngsten und erfolgreichsten, aber auch aufwendigsten Infrastrukturen Geburtstag, die der Mensch jemals geschaffen hat. Die Rede ist hier allerdings nicht von einem Sport- oder Fußballstadion – zweifelsfrei einer der beliebtesten Bauten in der abendländischen Welt –, sondern vom Flughafen. Flugplätze, oder Aerodrome wie sie in den frühen Tagen der Luftfahrt noch hießen, wurden ab 1909 gezielt für einen einzigen Zweck errichtet, nämlich als Orte, an denen Flugzeuge starten und landen konnten. Welcher der weltweit zigtausend Plätze mit Start- und Landebahn nun wirklich der älteste ist, wird sich vermutlich nie wirklich klären lassen. Zweifelsohne gibt es jedoch in der Neuen wie in der Alten Welt den einen oder anderen Methusalem, der sich rühmen darf, zu den ersten gehört zu haben. Beispielsweise der College Air Park im US-Bundesstaat Maryland, der 1909 nach einem Besuch des Flugpioniers Wilbur Wright gegründet worden war und sich heute als der älteste noch in Betrieb befindliche Airport (wenn auch für die Allgemeine Luftfahrt) preist. Diesseits des Atlantiks öffnete im September 1909 der Berliner Flugplatz Johannisthal, damals noch Motorflugplatz Johannisthal-Adlershof geheißen, seine Tore. Er gilt mit Fug und Recht als der älteste Lufthafen Deutschlands. Hier wurde der berühmte „Lanz-Preis der Lüfte“ vergeben, den der Magdeburger Hans Grade mit seinem Dreidecker am 30. Oktober 1909 gewann.

In Deutschland hatte man sich zunächst deutlich mehr mit der Entwicklung von Luftschiffen – deren berühmtester Vertreter dürfte der nach seinem Konstrukteur Ferdinand Graf Zeppelin benannte „Zeppelin“ sein – denn von Flugzeugen beschäftigt. Für die Luftschiffe mussten schon früh spezielle Bauwerke, die Luftschiffhallen, errichtet werden, um sie während längerer Bodenzeiten zu fixieren und vor Wind und Wetter zu schützen. Bereits Ende 1909 war mit der Deutschen Luftschifffahrts Aktiengesellschaft (DELAG) die erste Fluggesellschaft der Welt gegründet worden, die ein festes Streckennetz aufwies und in den Jahren bis zum Ausbruch des Ersten Weltkrieges über 34.000 Passagiere beförderte. Um in Deutschland aber auch das Interesse an den neuartigeren Fluggeräten schwerer als Luft zu wecken, hatte der Mannheimer Industrielle Karl Lanz einen Preis in Höhe von 40.000 Mark für den ersten deutschen Flugzeugkonstrukteur, der sein Gerät

Nach dem Ersten Weltkrieg prägten bereits Ganzmetallflugzeuge wie diese Junkers F 13 vor Funchal auf Madeira das Bild.

Der Königsberger Flughafen Devau erhielt 1919 das erste, eigens für diesen Zweck konzipierte Fluggastgebäude, das zu beiden Seiten von je einem Hangar flankiert wurde.

nicht nur in Deutschland gebaut, sondern auch geflogen haben musste, ausgeschrieben.

Das junge 20. Jahrhundert muss eine aufregende Zeit gewesen sein, und das nicht nur für Abenteurer und die „tollkühnen Männer in ihren fliegenden Kisten", sondern auch für den braven Bürger. Diesseits und jenseits des Atlantiks wurden zahllose Flugschauen und Flugtage durchgeführt und immer neue Geschwindigkeits-, Strecken- und Höhenrekorde mit immer besser durchdachten Fluggeräten aufgestellt.

Zwar hatten den Flugpionieren zunächst ebene und von Bewuchs weitgehend freie Flächen mit kalkulierbaren Winden als Start- oder Landeplätze ihrer Fluggeräte gedient, doch mussten schon bald feste Standorte für die Flugübungen gefunden werden, denn die Flugschauen und -wettbewerbe zogen unzählige Besucher an. Daher verfügten diese frühen Plätze in erster Linie über kleine Holzschuppen, die als Hangars genutzt werden konnten, sowie über Tribünen, von denen aus die Zuschauer die Spektakel der Lüfte bewundern konnten. Aus den daraus resultierenden Einnahmen wiederum konnten die ersten Aerodrome finanziell überhaupt über Wasser gehalten werden. Nicht umsonst wurden viele Flugplätze auf alten Autorennstrecken, Vergnügungsparks, Exerzierplätzen oder Golfplätzen angelegt, die bereits eine rudimentäre „Infrastruktur" – plane Flächen sowie unter Umständen Zuschauertribünen und kleine Restaurantbetriebe – aufwiesen.

Während des Ersten Weltkrieges wurden die bestehenden Plätze und Luftfahrtgeräte den Militärs überstellt, die die Möglichkeiten der Luftfahrt vollends erkannten. Sie trieben die Entwicklung der jungen Flugzeugtechnik voran und richteten zahlreiche neue Flughäfen ein. Der Krieg öffnete auch den letzten Skeptikern die Augen für den Nutzen einer zivilen Luftfahrt, und so wurden schon kurz nach Kriegsende die ersten Fluggesellschaften gegründet. Die erste europäische Airline, die nach dem Krieg im August 1919 an den Start ging, war die während der Kriegsjahre gegründete britische Aircraft Transport and Travel Ltd. (AT&T). Aber schon

lange vor diesen Visionären hatte der Amerikaner P. E. Fransler im Januar 1914 im US-Bundesstaat Florida zwischen St. Petersburg und Tampa einen regelmäßigen Passagierdienst mit einem Benoist-Flugboot eingerichtet. Doch Fransler war seiner Zeit offenbar zu weit voraus, die Strecke rechnete sich nicht und musste nach wenigen Monaten eingestellt werden.

Die jungen Airlines teilten sich die bestehenden Plätze zunächst mit den Militärs, errichteten neue Gebäude für die Passagier- und Zollabfertigung oder rüsteten alte Hangars entsprechend um. Dennoch blieben sie noch relativ einfach. Die nötigsten infrastrukturellen Einrichtungen waren Hangars, Treibstoff- und Öllager, eine Telefonleitung sowie ein Windsack bzw. eine Windfahne.

Das erste richtige Passagierabfertigungsgebäude entstand 1919 am Königsberger Flughafen Devau. Architekt Hans Hopp vollbrachte damals eine Meisterleistung, denn es gab natürlich keine Vorlagen für derartige Bauwerke. Das Verwaltungsgebäude flankierte er zu beiden Seiten mit je einem Hangar, deren geschwungene Dächer dem Gebäudekomplex aus der Ferne das Aussehen eines riesigen Vogels mit ausgebreiteten Schwingen verliehen.

Ähnlich frühen Datums ist der alte Londoner Flugplatz Croydon, der 1920 seine Pforten öffnete. Er erhielt zwischen 1926 und 1928 das damals größte Passagierabfertigungsgebäude der Welt sowie bereits einen Kontrollturm. Gewöhnlich musste sich die Flugleitung bis dahin mit einem Holzgestell begnügen, von dem aus

In London wurde 1920 der Flugplatz Croydon in Betrieb genommen, der nicht nur über ein für damalige Zeiten riesiges Abfertigungsgebäude verfügte, sondern auch einen Tower und ein gepflastertes Vorfeld aufwies. Sein Innenleben war nicht weniger spektakulär und gestattete einen Blick auf Wetterberichte oder die Uhrzeit in den verschiedenen Zeitzonen.

BERLIN
D-1083
D-1083

FLUGHAFEN

die ankommenden Flugzeuge mit Fernglas und nach Gehör geortet wurden, oder von dem aus den Piloten mittels einer Startfahne freie Bahn gewährt wurde.

Kurz danach entstand auf dem alten Berliner Exerzierplatz Tempelhofer Feld, der eingeebnet, befestigt und mit zwei Flughallen versehen wurde, einer der berühmtesten und größten Flughäfen Europas: Berlin Tempelhof nahm am 8. Oktober 1923 den Flugbetrieb auf, wurde 1926 Sitz der neu gegründeten Luft Hansa, erhielt 1927 als einer der ersten Flughäfen weltweit einen U-Bahnanschluss und führte in den 1930er-Jahren die Crème de la Crème unter den europäischen Airports an. 1934 sah Tempelhof bereits 200.000 Fluggäste, und im gleichen Jahr plante Architekt Ernst Sagebiel die Erweiterung, die in den folgenden Jahren in der berühmten und heute unter Denkmalschutz stehenden, 1,2 Kilometer langen bogenförmigen Terminalanlage resultierte. Das Abfertigungsgebäude von Tempelhof wurde das damals größte Gebäude der Welt – immerhin sollte es bis zu sechs Millionen Passagiere pro Jahr fassen.

Neue Anforderungen

Für den Flugbetrieb waren zunächst einfach nur besonders große Flächen vorgesehen, auf denen die Flugzeuge je nach Windrichtung starten bzw. landen konnten. Schon bald aber wurden festgelegte Streifen eingerichtet, die in der vorherrschenden Windrichtung angelegt waren und meist von einem zweiten Landestreifen gekreuzt wurden. Dies war eine durch das steigende Flugaufkommen bedingte Notwendigkeit, um Chaos und Unfälle zu vermeiden.

Mit fortschreitender Technik änderten sich auch die Anforderungen an die physische Beschaffenheit der Start- und Landebahnen. Die Graspisten der Anfangsjahre wurden schon bald mit Schotter befestigt, um sie

1923 wurde Deutschlands berühmtester Flughafen auf dem Tempelhofer Feld eröffnet. Er war mit seiner Lichtanlage, mittels derer der Flugverkehr geregelt wurde, auf dem neuesten Stand der Technik und bot darüber hinaus alle Annehmlichkeiten eines Airports von Weltrang: Gewaltige Abfertigungseinrichtungen, befestigte Vorfelder und Rollwege, eine elegante Vorfahrt und beste Gastronomie.

In großen Hafenstädten wie Lissabon, hier der Hafen des alten Stadtteils Belem, wo eine mit Schwimmern versehene Junkers G 24 liegt, entstanden die später so wichtigen Landflughäfen erst in den dreißiger und vierziger Jahren. Bis dahin wurde vor allem der Langstreckenverkehr mit Flugbooten durchgeführt.

weniger anfällig für Nässe zu machen. Größere und schwerere Flugzeuge – 1918 beispielsweise entwickelte Hugo Junkers das erste Ganzmetall-Verkehrsflugzeug der Welt, die F 13, die wie ein Jahrzehnt später auch seine Ju 52 lange Zeit das Rückgrat vieler ziviler Flotten in aller Welt bildete – benötigten sowohl längere Startrollstrecken als auch festere Landestreifen, so dass die Bahnen ab den dreißiger Jahren häufig gepflastert wurden. Asphaltierte Pisten kamen dagegen erst nach dem Zweiten Weltkrieg auf. Doch die ersten internationalen Flugplätze wie Berlin-Tempelhof oder London-Croydon verfügten bereits in den zwanziger Jahren über ein gepflastertes Vorfeld, um den Fluggästen den Weg vom Flughafengebäude zum Flugzeug weitgehend trockenen Fußes zu ermöglichen.

Die frühen Runway-Systeme dieser Airports wiesen meist zwei Start- und Landebahnen auf, die in der Form eines Kreuzes, T- oder L-förmig angelegt waren. Verkehrsflugzeuge der neueren Generation, die heutzutage im Einsatz und weit weniger windanfällig als ihre Vorfahren sind, erlauben dagegen die Anlage von Parallelpistensystemen, deren Bahnen nicht selten zeitgleich genutzt werden können.

Der Einsatz der ersten düsengetriebenen Verkehrsflugzeuge Ende der fünfziger Jahre stellte neue Erfordernisse an die Flughafenplaner. Waren die Pisten auch schon früher wegen neuer, größerer, schwererer und schnellerer Flugzeugmuster verlängert worden, so musste nun auch der Untergrund ganz anderen Belastungen standhalten. Dies ist übrigens ein Problem, das die Flughafenplaner auch heute noch immer wieder vor neue Herausforderungen stellt. So hatten Flugzeuge wie der Airbus A340-600 wegen seines größeren Radstandes oder die Boeing 777-300ER wegen ihres höheren Gewichts pro Reifen Modifizierungen des Runway- und Rollwegsystems erfordert – erstere bedingte großzügiger ausgelegte Kurven, letztere verlangte nach einem festeren Untergrund. Das neue Großraumflugzeug A380 jedoch, das alle bislang da gewesenen Dimensionen sprengt, stellte dagegen eher die Terminalplaner vor ein Problem, da viele Gates umgebaut werden mussten, um das Ein- und Aussteigen der

Passagiere in beziehungsweise aus dem riesigen Vogel zu optimieren.

Genauso verändert wie die Struktur der Start- und Landebahnsysteme hat sich auch das Aussehen der Flughallen. War die Architektur der Abfertigungsgebäude in den Anfangsjahren noch weitgehend an die von Bahnhofsgebäuden angelehnt, so änderte sich dies bald. Vom Prinzip her gab es zunächst zwei Arten von Terminals: Entweder eine Art Multifunktionsgebäude, in dem die Warteräume für die Passagiere, Büros und Hangars gleichermaßen untergebracht wurden, wie in Los Angeles oder New York Newark, oder aber reine Abfertigungsgebäude wie das von Pan Am in Miami.

Aber schon bald mussten die Flughafenplaner lernen, dass ein Airport auch ausbaufähig sein und an ein höheres Passagieraufkommen angepasst werden musste. Keilförmige Bauten, die bei Bedarf erweiterbar waren, kamen ab Mitte der dreißiger Jahre auf, doch die Architekten schufen auch futuristische Entwürfe, die nie verwirklicht wurden. Und bereits damals schwebte den Planern die Funktion der Flughäfen als multimodale Verkehrsdrehscheiben vor. Entwürfe aus den späten zwanziger Jahren zeigen bereits Airports, die an das Straßen- und Schienennetz sowie an einen Seehafen angebunden sind und nicht nur Einrichtungen für die Abfertigung von Landflugzeugen, sondern auch von Flugbooten aufweisen.

Diesen kam im Laufe der dreißiger Jahre ohnehin eine wachsende Bedeutung zu, denn mit ihnen konnten interkontinentale Langstrecken bedient werden, die etappenweise zurückgelegt wurden, ohne auf Landflughäfen angewiesen zu sein – zumal mit den Seehäfen bereits eine hervorragend ausgebaute und seit Jahrhunderten bewährte Infrastruktur existierte. Vor allem Imperial Airways aus Großbritannien und Pan Am aus den USA machten mit ihren Atlantik- bzw. Pazifikflügen Furore, doch der Ausbruch des Zweiten Weltkrieges brachte diesen Interkontinentalverkehr, der Ende der Dreißiger seinen Höhepunkt erreicht hatte, gänzlich zum Erliegen.

Einer der größten Seeflughäfen überhaupt war die Pan-Am-Basis Dinner Key in Miami, die ab 1933 einen

Dinner Key in Miami war einer der größten Seeflughäfen der Welt. Von hier aus schickte Pan Am ab 1933 ihre berühmten Flugboote, die Clipper, auf die Langstrecke.

1912 wurde der Flughafen Frankfurt-Rebstock eröffnet. Er wies Mitte der 1920er-Jahre regelmäßige Liniendienste auf und wurde für die 1926 gegründete Deutsche Luft Hansa AG in Berlin zu einem wichtigen Stützpunkt. Erst 1936 wurde der Platz am Rebstock aus Raummangel aufgegeben.

Teil der Flugboot-Flotte der Fluggesellschaft aufgenommen hatte und als Startflughafen nach Südamerika diente. Nach dem Zweiten Weltkrieg, als auch die Ära der Flugboote zu Ende gegangen war, wurde der Flug- in einen Jachthafen und das große Terminal zum Rathaus der Stadt Miami umfunktioniert.

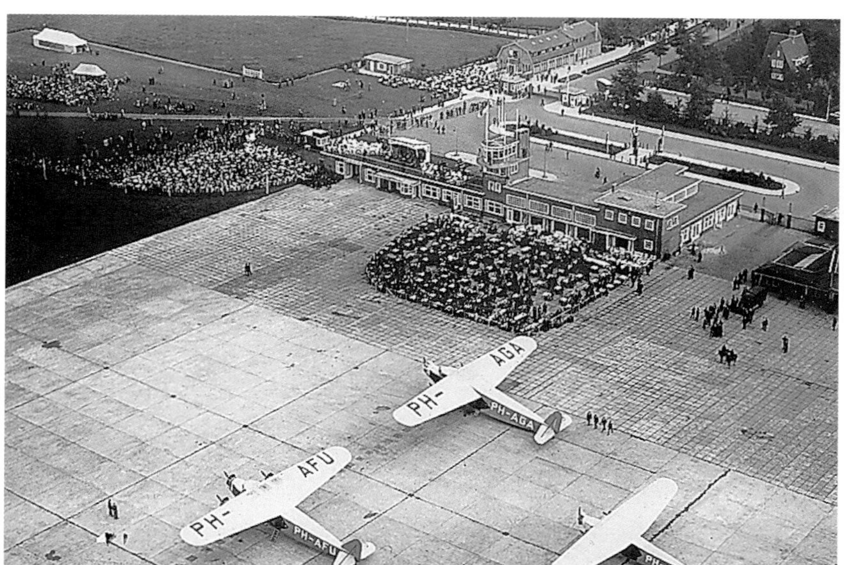

Amsterdam-Schiphol war 1916 als militärischer Platz im Haarlemmermeer gegründet worden. Ab Ende 1920 wurde er für die zivile Nutzung freigegeben, und 1935 erhielt er asphaltierte Start- und Landebahnen.

Zu jener Zeit begann der Luftverkehr bis dahin ungeahnte Ausmaße anzunehmen. Immer mehr Menschen griffen auf das Flugzeug als Verkehrsmittel zurück, doch noch überwog der sogenannte Punkt-zu-Punkt-Verkehr. Entsprechend wurden die Flughäfen, die nun entstanden oder ausgebaut wurden, ausgelegt; das Ziel war vor allem, möglichst kurze Wege vom Auto bis zum Abflugsteig zu schaffen. Die Folge waren Abfertigungsgebäude mit fingerartigen Piers oder sternförmige Terminals, die den Vorteil hatten, dass die Passagiere in einem zentralen Bereich abgefertigt wurden und sich dann zu den Fingern oder Zacken des Sterns begaben, wo die Flugzeuge direkt andocken konnten. Diese Variante wurde beispielsweise in Chicago O'Hare, Amsterdam-Schiphol, Berlin-Tegel oder Köln/Bonn angewandt. Weiterentwickelt wurde dieses Design durch ausgelagerte Satelliten, die sich rund um ein Abfertigungsgebäude scharten, so geschehen in Paris CDG, dessen rundes Terminalgebäude von sieben trapezförmigen Satelliten umgeben ist. Eine weitere Alternative war das lineare Abfluggebäude, meist schlauchförmig und lang und mit kleinen Auswüchsen versehen, an denen die Flugzeuge parken. Sie waren dezentral ausgelegt, so

Der heute größte Flughafen der Welt, Atlanta, hatte seine Karriere im Jahr 1925 begonnen, aber erst Ende der dreißiger Jahre, als er noch Atlanta Municipal Airport hieß, überhaupt einen Kontrollturm erhalten.

dass mehrere Abfertigungshallen benötigt wurden, die jeweils zu einer begrenzten Anzahl von Gates führen. Ein gutes Beispiel hierfür ist das Terminal 1 des Münchener Flughafens, dessen Planungen bis in die 1960er-Jahre zurück reichen. All diese Varianten hatten zwar den Vorteil kurzer Wege für Ein- und Aussteiger, erwiesen sich jedoch als problematisch beim Ausbau bzw. mit zunehmendem Umsteigerverkehr als unpraktisch, da sie zu weitläufig waren.

Spätere Flughafen-Konzepte griffen dann – wie in Atlanta oder Denver – auf den Bau eines zentralen Abfertigungsgebäudes mit mehreren hintereinander angeordneten Satelliten zurück, die durch unter dem Vorfeld verlaufende Personentransportsysteme erreichbar sind. Zudem wurden viele Abfertigungsgebäude von vornherein „midfield", also zwischen den Start- und Landebahnen angelegt, wo genügend Platz zur Expansion besteht; so geschehen unter anderem in London-Heathrow oder Paris-Orly. Ein weiteres Merkmal der modernen Flughäfen ist meist eine transparente Konstruktion aus Stahl und Glas, um lichtdurchflutete und weite Räume zu schaffen, die den Passagieren einen ungestörten Blick auf das Vorfeld ermöglichen und die den Airport umgebende Landschaft in das Terminal integrieren.

Derartiges hatte übrigens schon der berühmte Architekt Le Corbusier gefordert, der besessen von der Luftfahrt war und mit Piloten wie Antoine de Saint-Exupéry auf Reisen ging. Er erkannte schon in den 1930er-Jahren ein Problem, das heute vielen Airports zu schaffen macht und nicht selten ihre Schließung erfordert. Flughäfen, so fand er, sollten nicht in Städten gebaut werden, sondern weit außerhalb, denn „die Schönheit des Flughafens ist die Kraft der weiten, offenen Fläche".

Erst dieser Tage musste man übrigens wieder einen derartigen Fall erleben, als im Oktober 2008 der Flughafen Tempelhof nach 85 Jahren fast ununterbrochenen Betriebes seine Pforten schließen sollte. Die Ironie der Geschichte hat einen langen Arm: Vor fast 100 Jahren durfte der erste deutsche Flugplatz nicht auf dem Exerzierplatz Tempelhofer Feld entstehen, weil die Militärs dort keine Motorflieger wünschten – weshalb er dann ja in Johannisthal eingerichtet wurde. Und heute muss der berühmteste Flughafen Deutschlands seiner Bestimmung entsagen, weil die Politiker dort keine Luftfahrt mehr wünschen. ■

Hartsfield-Jackson Atlanta International Airport

Der Gigant im „Alten Süden“

Unter den größten Flughäfen der Welt ist der von Atlanta eine Ausnahme. Und das nicht nur, weil er eben der größte ist – 89 Millionen Fluggäste im Jahr 2007 bzw. durchschnittlich knapp 244.000 pro Tag strömten durch seine Hallen –, sondern auch, weil er in der Region Atlanta der einzige ist: Anders als die Metropolen New York, Chicago, London, Paris oder Tokio verfügt der Großraum Atlanta, ja der gesamte „Alte Süden“ nur über ein einziges Einfalltor, an dem gleichermaßen Regionalverkehr und interkontinentaler Flugverkehr abgewickelt werden müssen. Und trotz seiner Größe wirkt er beim Blick auf das Streckennetz fast ein wenig provinziell. Gerade einmal eine Handvoll ausländischer Fluggesellschaften fliegen diesen größten Hub der Welt an; für über 70 Prozent des gesamten Verkehrsaufkommens sorgt alleine die Heimatfluggesellschaft Delta Air Lines. Und von den knapp 260 Zielen, die der Passagier ab ATL, so der Drei-Letter-Code des Flughafens, erreichen kann, befinden sich gerade einmal 80 im Ausland. Doch schon seit einigen Jahren nimmt auch in Atlanta die Streckenvielfalt zu; in gleichem Maße schrumpfte Deltas Marktanteil vor Ort um rund zehn Prozentpunkte. Dennoch geht nach wie vor das Gros der internationalen Strecken auf das Konto der zweitgrößten Fluggesellschaft der Welt, die inzwischen nicht nur mit zusätzlichen Verbindungen nach Europa und Südamerika aufwartet, sondern heute vor allem Asien und besonders China im Visier hat. Und so wächst das internationale Verkehrsaufkommen in

Der größte Flughafen der Welt liegt eingeklemmt zwischen den großen Highways südlich der Stadt Atlanta, verfügt aber bislang nur über eine Zufahrt.

Hartsfield mit rund zwölf Prozent pro Jahr inzwischen deutlich schneller als der Inlandsverkehr.

Dabei fing der Airport vor über 80 Jahren recht bescheiden an. Auf einer ausgedienten Autorennstrecke, die dem Coca-Cola-Magnaten Asa Candler gehörte, wurde 1925 ein Flugfeld errichtet, bekannt als Candler Field, das 1929 von der Stadt übernommen und in Atlanta Municipal Airport umbenannt wurde. 1930 nahm erstmals Delta Air Service, die Vorläuferin der heutigen Delta Air Lines, Dienste ab Atlanta auf, wo sie Regional- und Postflüge und wenige Jahre später auch ihr Hauptquartier einrichtete. Ein Kontrollturm wurde erst 1939 errichtet, und noch während des Zweiten Weltkrieges diente lediglich ein ausgedienter Hangar für Militärflugzeuge als Abfertigungsgebäude. 1957 wurden die Arbeiten für ein auf die Anforderungen des Jet-Verkehrs zugeschnittenes Terminal aufgenommen, das 1961 eröffnet wurde. Mit einer Jahreskapazität von sechs Millionen Passagieren war es zwar eines der größten Passagierabfertigungsgebäude der USA, doch schon im ersten Betriebsjahr erwies es sich bei einem Ansturm von über neun Millionen Fluggästen als zu klein. Noch in den sechziger Jahren wurden daher Planungen für ein neues Terminal aufgenommen. Das Resultat ist der Airport in seiner heutigen Form: Ein 1980 eröffneter Midfield-Terminalkomplex für 55 Millionen Passagiere jährlich, der über ein automatisches Personentransportsystem mit fünf parallel hintereinander angeordneten Abflughallen, den Concourses T, A, B, C und D, verbunden ist, sowie vier parallelen Start- und Landebahnen, von denen die beiden äußeren primär für Starts und die beiden inneren für Landungen verwendet werden. 1994 kam der sechste, sogenannte Concourse E für internationale Flüge dazu, und zwei Jahre später erhielt Hartsfield mit dem dreigeschossigen Atrium, einer kuppelförmigen Halle innerhalb des Zentralterminals, sein Wahrzeichen, in dem zahlreiche Sofas und Sessel Passagiere wie Besucher zum Verweilen einladen.

Damals wurde auch mit der Entwicklung eines neuen Masterplans begonnen, der, von einem Wachstum auf 121 Millionen Fluggäste und 1,53 Millionen Tonnen Fracht im Jahr 2015 ausgehend, rund 6,2 Milliarden US-Dollar kosten soll. Im Rahmen dessen erfolgt über die gesamte Zeitspanne hinweg die schrittweise Modernisierung und Modifizierung der Einrichtungen des Hauptterminalkomplexes und der Concourses.

Im Mai 2006 wurde südlich der bestehenden Runways eine fünfte Start- und Landebahn (10/28) in Betrieb genommen, womit Hartsfield heute einer der wenigen Airports weltweit ist, an denen drei Runways simultan genutzt werden können. Gleichzeitig wurde auch ein neuer Kontrollturm – mit 121 Metern der höchste in den USA – eingeweiht. Anschließend an Concourse E entstehen bis Ende 2011 das nach dem ersten farbigen Bürgermeister von Atlanta benannte Maynard Holbrook Jackson, Jr. International Terminal (MHJIT) mit 28 Gates und einer eigenen Zufahrt für den Personen-

Die Heimatfluggesellschaft Delta Air Lines und ihre Töchter zeichnen in Atlanta für über 70 Prozent des Verkehrsaufkommens verantwortlich.

verkehr sowie ein neuer Concourse F mit weiteren zwölf Gates. Südwestlich des Airports wird bis 2009 ein Mietwagenzentrum errichtet, in dem alle in Hartsfield angesiedelten Leihwagenfirmen gebündelt werden und das über ein People-Mover-System mit dem Hauptterminalkomplex verbunden wird. Zu guter Letzt ist im Süden des existierenden Runwaysystems ein sogenannter South Terminal Complex mit bis zu 70 Gates im Masterplan verzeichnet, der ebenfalls über ein automatisiertes Personentransportsystem mit dem Hauptterminalkomplex verbunden sowie über eigene Zufahrten von den Haupt-Highways aus erreichbar sein könnte.

Ebenso wie die derzeit im Bau befindlichen Projekte wird auch dieses potentielle Südterminal mit dem großzügigen U-Bahnnetz der Stadt Atlanta (MARTA – Metropolitan Atlanta Rapid Transit Authority) verbunden sein. MARTA trägt ebenfalls zur Ausnahmestellung von Hartsfield unter den US-Flughäfen bei, denn nur wenige Airports in den USA verfügen über eine derart schnelle und günstige Anbindung an ihre Stadt: Bei einem vernünftigen Preis-Leistungs-Verhältnis – 2,25 US-Dollar pro Strecke – dauert die U-Bahnfahrt in die etwa 13 Kilometer entfernte Metropole gerade einmal 20 Minuten.

Derzeit erwacht in Atlanta übrigens die Diskussion um einen zweiten Airport. Es sei an der Zeit, so die US-Transportministerin Mary Peters, für Atlanta die Schaffung weiterer kommerzieller Flughäfen in Betracht zu ziehen. Eine von ihrem Ministerium in Auftrag gegebene Studie soll künftige Expansionsszenarien für den größten Flughafen der Welt aufzeigen, doch was auch immer das Ergebnis sein wird, kann frühestens in zwei Jahrzehnten Gestalt annehmen – eine so lange Planungs- und Bauzeit ist realistisch. ■

Der Satellit Concourse A steht ausschließlich Delta Air Lines zur Verfügung.

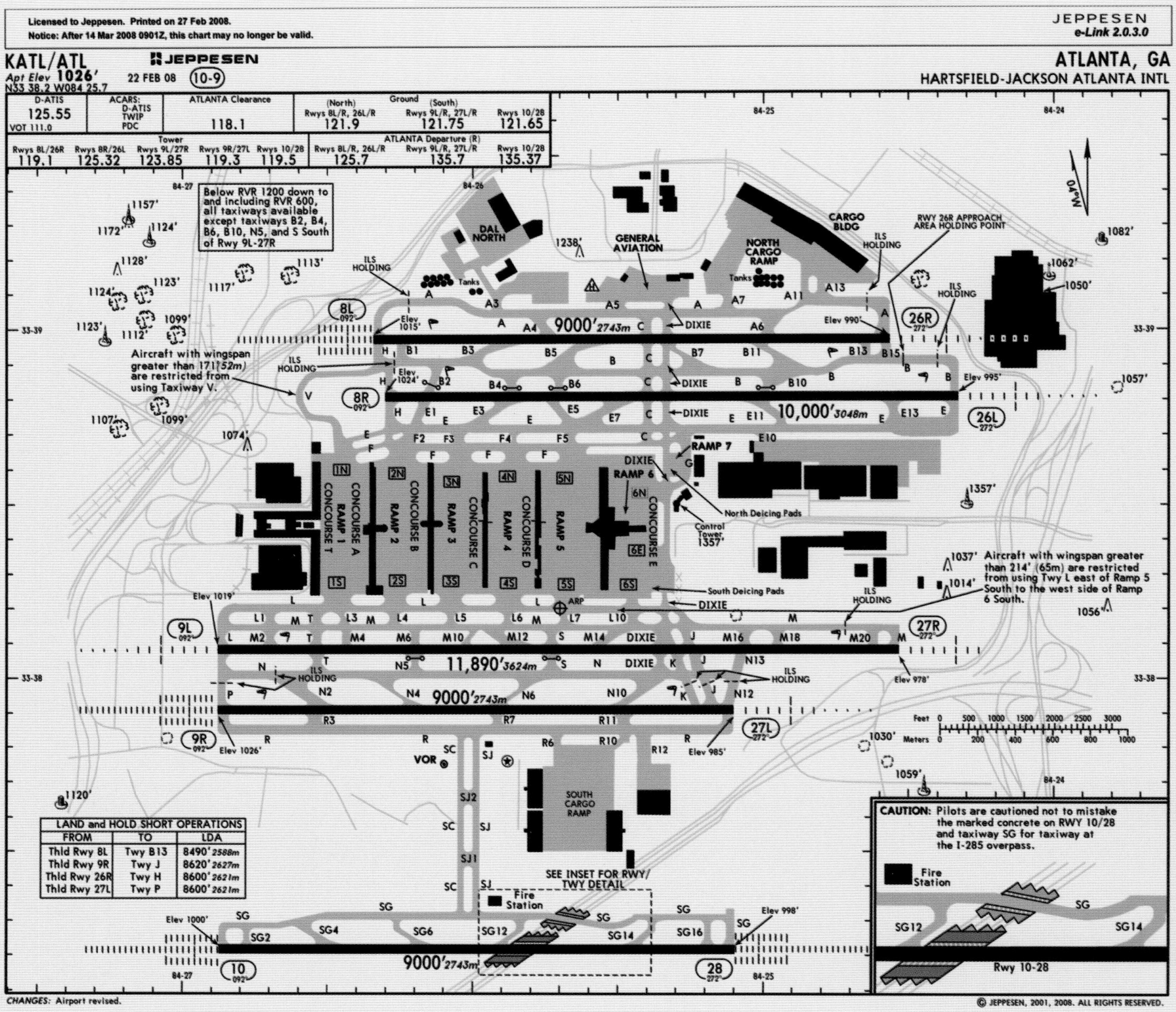

Hartsfield-Jackson Atlanta International Airport

Eröffnet	1925
IATA-Code	ATL
Eigentümer	City of Atlanta
Betreibergesellschaft	Atlanta Department of Aviation
Heimatfluggesellschaft	Delta Air Lines, AirTran Airways
Geograph. Lage	33°28'21"N, 84°25'39"W
Höhe über NN	316 m
Fläche	1.518 ha
Terminals	1 Hauptterminal mit 5 Satelliten: T, A, B, C, D, E
Gates	174
Flugzeugparkpositionen	184

Start- und Landebahnen	8L CAT IIIb / 26R, CAT I, 2.743 m, 08R CAT I / 26L CAT I, 3.048 m, 09L CAT I / 27R CAT I, 3.624 m, 09R CAT IIIb / 27L CAT I, 2.743 m, 10/28, 2.743 m
Flughafenmitarbeiter	ca. 75.000
Passagiere	89.379.287
Flugbewegungen	994.346
Fracht	720.209 t
Betriebszeiten	24 h
Homepage	www.atlanta-airport.com

Blechkoffer als künstlerische Beiträge verschönern selbst die Parkhäuser in ATL. Pinguine dagegen sind nur auf den tierischen Flugzeugen von Frontier Airlines zu bewundern.

TOP 100 NO. 2

Chicago O'Hare International Airport

Das Kreuz mit den Pisten

Jahrzehntelang war er der größte – nicht nur in den USA, sondern weltweit. Doch getreu dem Motto „Wir hubben uns zu Tode" erstickte der Flughafen schließlich an seinem eigenen gigantischen Verkehrswachstum. Als einer der wenigen Airports weltweit ist O'Hare Drehscheibe für gleich zwei Fluggesellschaften: United Airlines, drittgrößte Airline der Welt, hat in Chicago ihr Hauptquartier, und die Nummer 1 weltweit, American Airlines, unterhält in ORD nach ihrem Heimatflughafen Dallas / Ft. Worth ihr zweitgrößtes Drehkreuz, an dem sie die Flüge Richtung Europa und Asien bündelt. Doch die Verstopfung, die O'Hare den Spitzenplatz unter den weltgrößten Flughäfen zugunsten des Hartsfield-Jackson Atlanta International Airports gekostet hat, geht nicht so sehr auf das Konto dieser beiden größten Fluggesellschaften vor Ort als vielmehr auf das seiner im Laufe der Jahrzehnte gewachsenen und gewucherten Infrastruktur. Genauer gesagt, auf die Anlage seines Start- und Landebahnsystems, dessen Pisten sich mehrfach kreuzen und daher nicht in dem Maße nutzbar sind, wie dies angesichts der weit über 900.000 jährlichen Flugbewegungen erforderlich wäre.

Doch als O'Hare, das 1955 für den zivilen Luftverkehr freigegeben worden war, um den bis dato internationalen Flughafen Chicago Midway zu entlasten, gebaut wurde, sah noch niemand seine rasante Entwicklung voraus. Bis zum Zweiten Weltkrieg frönten nämlich die Einwohner von Chicago auf dem heutigen Gelände von ORD der Fasanenjagd. Dann begann der US-Flugzeughersteller Douglas dort mit der Produktion seiner Transportflugzeuge C-54 und errichtete in den Jahren 1942 und 1943 den Werksflughafen Orchard Place Airport/Douglas Field. Nach dem Krieg konzentrierte sich Douglas auf seine Produktionsstätten an der Westküste, und die Stadt Chicago kaufte das Areal auf, um dort einen Inlandsflughafen mit vier Start- und Landebahnen, den Orchard Field Airport, einzurichten. Ein Relikt aus dieser Zeit ist das noch heute gebräuchliche IATA-Kürzel ORD, während der Airport selbst 1949 nach dem Air-Force-Piloten Edward „Butch" O'Hare benannt wurde. Zwei Jahre nach seiner Eröffnung wurde der Flughafen durch eine fünfte Start- und Landebahn erweitert, 1968 folgte die sechste Piste und 1971 Nummer sieben. Das Wachstum ging rasant weiter, und 1976 wurden bereits über 40 Millionen Passagiere gezählt. Gleichzeitig musste eine „Airport Delay Task Force" ins Leben gerufen werden, und um der Verspätungen Herr zu werden, wurde das Runway-System schließlich für drei simultane Flugbewegungen zugelassen. Dank der Deregulierung des US-amerikanischen Luftverkehrs im Jahre 1978 stieg das Aufkommen weiter an, und die Verspätungen, die erstmals in den siebziger Jahren ernste Maßnahmen erfordert hatten, nahmen Anfang dieses Jahrtausends derart überhand, dass 2004 die Zahl der Flugbewegungen zu den Tagesspitzenzeiten drastisch reduziert wurde.

Denn nicht nur mussten die Passagiere im Schnitt 20 Minuten, im Extremfall bis zu mehrere Stunden auf ihre Flüge warten, nein, die Verzögerungen wirkten sich auf den nationalen Flugverkehr aus, so dass wie in einer Kettenreaktion Airports in den gesamten Vereinigte Staaten durch die Verstopfung in O'Hare beein-

Die sich kreuzenden Start- und Landebahnen haben viel zu tun mit den Verspätungen, die O'Hare noch vor wenigen Jahren lahm gelegt hatten. Die Limitierung der Flugbewegungen wurde erst im Sommer 2008 wieder aufgehoben, nachdem die ersten Runways verlegt worden waren.

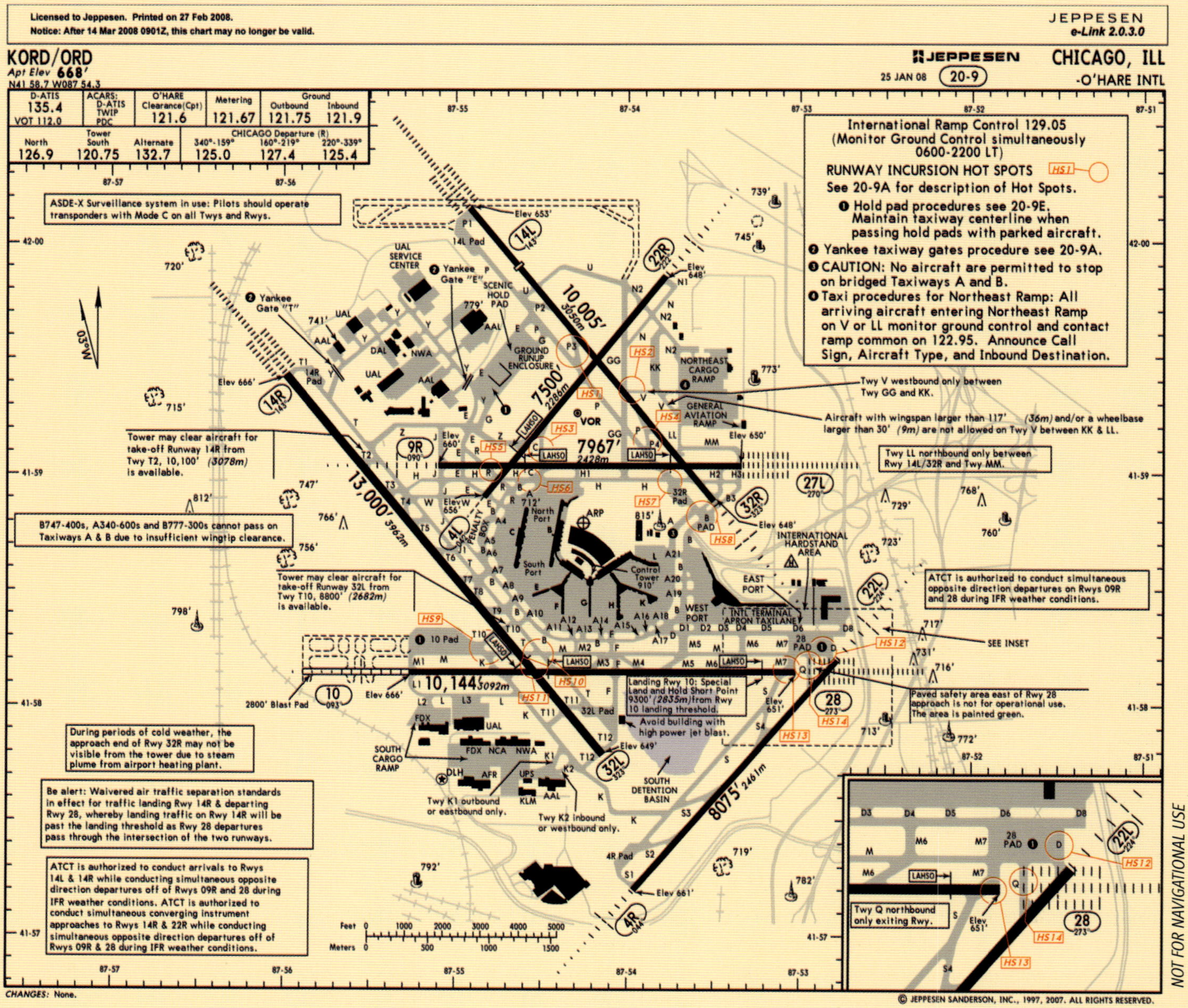

Chicago O'Hare International Airport (ORD)

Eröffnet	1955 für zivilen Verkehr geöffnet
IATA-Code	ORD
Eigentümer	City of Chicago
Betreibergesellschaft	City of Chicago, Department of Aviation
Heimatfluggesellschaft	United Airlines; starke Hub-Präsenz durch American Airlines
Geograph. Lage	41°58'42"N, 87°54'17"W
Höhe über NN	203,6 m
Fläche	2.833 ha
Terminals	4
Gates	178
Flugzeugparkpositionen	k. A.

Start- und Landebahnen	4R CAT I/22L CAT I, 2.461 m 4L/22R CAT I, 2.286 m 9R CAT I/27L CAT III, 2.428 m 14R CAT IIIb/32L CAT I, 3.962 m 14L CAT IIIb/32R CAT 0, 3.050 m 10 CAT I/28 CAT III, 3.092 m
Passagiere	76.159.324
Fracht	1.524.419 t
Flugbewegungen	927.834
Flughafenmitarbeiter	ca. 48.000
Betriebszeiten	24 h
Homepage	www.flychicago.com

In Terminal 1 samt Satelliten werden ausschließlich die Flüge von United Airlines und ihren Partner-Fluggesellschaften von der Star Alliance abgefertigt.

trächtigt wurden und ihrerseits Verspätungen produzierten. 2005 wurde daher das auf 20 Jahre angelegte O'Hare Modernization Program (OMP) verabschiedet, das das Übel des Flughafens an der Wurzel packen und das Runwaysystem von Grund auf verändern sollte. Vorgesehen sind die Verlegung und Verlängerung mehrerer Pisten sowie der Bau einer achten Bahn, um schließlich zweimal drei und einmal zwei parallele Runways zu erhalten, die nördlich und südlich der Passagierabfertigungseinrichtungen angesiedelt sind. Dazu gehört auch der Bau eines neuen Kontrollturms, der rund 80 Meter hoch wird und von dem aus ab 2013 alle Aktivitäten auf der Nordseite des Flughafens überwacht werden können. Bis Ende 2011 wird O'Hare schon einmal über vier parallele Runways in Ost-West-Richtung – zwei nördlich des Terminals mit der Bezeichnung 9/27 und zwei südlich der Abfertigungseinrichtungen (10/28) – verfügen.

Durch die Erweiterung der bestehenden vier Abfertigungsgebäude und dem Bau neuer Terminals soll die Situation zusätzlich entzerrt werden. Im Westen des Areals ist der sogenannte West Terminal Komplex (T7) mit vorgelagertem Satelliten geplant, der über ein vollautomatisches unterirdisches Personentransportsystem mit dem Hauptterminalkomplex verbunden sowie über eine eigene Zufahrt von Westen her verfügen wird. Das künftige Terminal 4, angesiedelt im Hauptterminalkomplex, wird ausschließlich für die Abfertigung von Langstreckenflugzeugen ausgelegt. Am anderen Ende des Airports, ganz im Osten, ist zu guter Letzt noch ein Terminal 6 geplant.

Das Ausbauprogramm wurde auf 6,6 Milliarden US-Dollar veranschlagt, wird aber bei realistischer Betrachtung wahrscheinlich das Doppelte kosten. Dafür wird es so manchen internationalen Fluggast, der über Chicago in die Vereinigten Staaten einreist, aufatmen lassen. Denn noch kommen alle Flüge aus dem Ausland an Terminal 5 an – es ist das einzige Gebäude, an dem Zoll- und Einreiseformalitäten abgewickelt werden können, und der Weg zu den anderen Terminals – in Terminal 1 werden ausschließlich Flüge von United Airlines und den Star-Alliance-Partnern, in Terminal 2 die von American Airlines abgefertigt – ist weit. Immerhin verbindet das automatische Personentransportsystem Sky Train die einzelnen Terminals, so dass dem Passagier längere Fußmärsche erspart bleiben. Das gilt auch für die Fahrt in die rund 27 Kilometer entfernte Innenstadt von Chicago, die innerhalb von 40 Minuten mit der U-Bahn ab Terminal 3 bequem bewältigt werden kann. Internationale Abflüge übrigens können auch von den anderen Terminals aus abgefertigt werden. ORD, das täglich durchschnittlich. 2.700 Flugbewegungen aufweist, liegt in den Vereinigten Staaten hinter New York JFK, Los Angeles und Miami an vierter Stelle, was die Zahl der Flüge ins Ausland angeht. Dennoch ist die wichtigste Destination für diesen Airport New York City. ■

Was jahrelang als Stolz und künftiges Juwel der britischen Luftfahrt gepriesen worden war, wandelte sich innerhalb weniger Stunden zur „Schande der Nation". Das neue Terminal 5 in London-Heathrow, das 20 Jahre lang geplant und sechs weitere gebaut worden war, dessen Eröffnung nicht nur Heathrows Heimatfluggesellschaft British Airways sehnsüchtig erwartet hatte – seine Inbetriebnahme ging so gründlich daneben wie nur irgend möglich. Die moderne Gepäckförderanlage – 18 Kilometer Band – mit defekter Software legte das Abfertigungsgebäude an seinem ersten Betriebstag am 27. März 2008 praktisch lahm. In den ersten Tagen mussten insgesamt mehr als 245 Flüge von British Airways gestrichen werden, und Passagiere, die das Glück hatten, dennoch befördert zu werden, erreichten ihr Ziel in der Regel ohne Gepäck. Rund 28.000 Koffer blieben in den Eingeweiden des Neubaus hängen und konnten teilweise erst Wochen später ihren Eigentümern zugestellt werden.

Auf rund 1.600 Hektar Fläche quetscht sich die Infrastruktur des größten Londoner Flughafens. Die Abfertigungseinrichtungen wurden „midfield“ zwischen den beiden Start- und Landebahnen angelegt.

TOP 100 NO. 3

London Heathrow Airport

Der Internationale

Die skandalträchtigen Geschichten, die noch Tage nach der Eröffnung aus London-Heathrow zu hören waren, konnten nur Wasser auf die Mühlen so mancher Passagiere gewesen sein, die dem größten der fünf Londoner Flughäfen – neben Heathrow gibt es noch Gatwick, Stansted, Luton und den City Airport – nicht eben wohl gesonnen waren. Denn LHR, so der IATA-Code für den Airport, der weltweit die meisten internationalen Fluggäste abfertigt, ist auch einer der ungeliebtesten Flughäfen, wie Passagierumfragen immer wieder beweisen. Grund dafür sind die mehr als beengten Verhältnisse, unter denen die Fluggesellschaften in Heathrow bis dato arbeiten mussten, denn die infrastrukturellen Einrichtungen vor Ort, so wie sie vor der Eröffnung von Terminal 5 bestanden, waren auf die Abfertigung von 45 bis 55 Millionen Fluggästen jährlich ausgelegt. 2007 jedoch waren es bereits 68 Millionen Passagiere, davon 89 Prozent (!) international Reisende, die den Airport frequentierten. Die qualvollen Platzverhältnisse, vor allem in den älteren Terminals 1, 2 und 3 wurden zudem durch die zahllosen Einkaufsmöglichkeiten hinter den Sicherheitskontrollen strapaziert. Denn die Betreiberin der Londoner Flughäfen, BAA, erzielt weit über die Hälfte ihrer Umsätze durch Einnahmen aus dem sogenannten Non-Aviation-Geschäft, also aus Segmenten, die nichts mit dem eigentlichen Flugbetrieb zu tun haben.

Terminal 5 mit seiner Jahreskapazität von 30 Millionen Passagieren sollte den größten Problemen in Heathrow – die Enge, die Verspätungen, die viel zu langen Warteschlangen – den Stachel nehmen und zumindest den Fluggästen von British Airways und ihren Partnerfluggesellschaften aus der Oneworld-Allianz das Fliegen wieder versüßen. Denn die waren bislang auf die verschiedenen Terminals in LHR verteilt und sollten nach und nach umziehen in das Terminal 5 am nächsten gelegene und erst jüngst renovierte Terminal 4, das 1986 in Betrieb genommen worden war, und so in den übrigen Abfertigungsgebäuden Platz schaffen. Doch so ganz entspannt sich die Lage vor Ort noch nicht, weil in LHR bereits die nächsten Bauarbeiten warten. Ab 2008

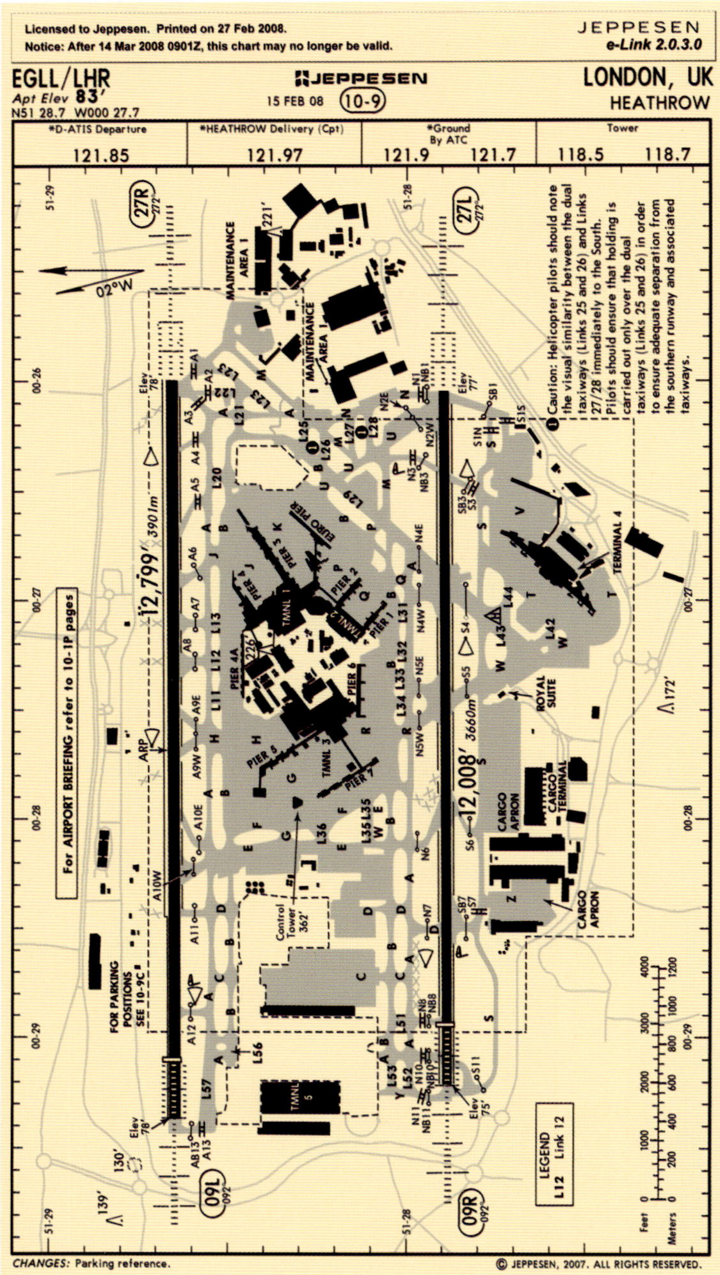

London Heathrow Airport	
Eröffnet	1930
IATA-Code	LHR
Eigentümer	BAA
Betreibergesellschaft	BAA
Heimatfluggesellschaft	British Airways
Geograph. Lage	51°28'39"N, 0°27'41"W
Höhe über NN	24,3 m
Fläche	1.600 ha
Start- und Landebahnen	09R CAT III/27L CAT III, 3.658 m 09L CAT III/27R CAT III, 3.902 m
Terminals	5
Gates	k. A.
Flugzeugparkpositionen	264
Flughafenmitarbeiter	> 68.000
Passagiere	68.068.554
Fracht	1.395.909 t
Flugbewegungen	481.356
Betriebszeiten	24 h
Homepage	www.baa.com

Der Betrieb von British Airways sorgt zum Großteil für die knapp 90 Prozent Umsteiger in Heathrow.

sollten die beiden Terminals 1 und 2 aus den Jahren 1968 bzw. 1955 abgerissen und durch das künftige East Terminal für 30 Millionen Fluggäste jährlich ersetzt werden, das bis 2012, rechtzeitig zum Beginn der Olympischen Sommerspiele in London, in Betrieb genommen werden soll. Die Träume der Betreiber gehen noch weiter und erstrecken sich auf eine dritte Start- und Landebahn sowie auf ein potentielles Terminal 6 im Norden des Flughafenareals, deren Bau jedoch erst jenseits von 2015 eingeleitet werden soll und mit deren Hilfe die Kapazitäten auf bis zu 116 Millionen Flugreisende im Jahr 2030 erhöht werden können. Ausgegangen wird dabei davon, dass das Jahr 2015 insgesamt 87 Millionen Passagiere bei 480.000 Flugbewegungen brächte, mit einer Steigerung auf 90 bis 95 Millionen Fluggäste bis 2030.

1947, ein Jahr nach seiner zivilen Öffnung, verfügte Heathrow schon über drei Start- und Landebahnen, während sich drei weitere im Bau befanden. Die ältesten allerdings waren rein auf die Nutzung von Propellerflugzeugen ausgelegt und zu kurz für die Ende der 50er-Jahre aufkommenden Jets. Heute werden in LHR nur die beiden Bahnen 27R/09L und 27L/09R genutzt, und zwar zum Schutz der Anwohner abwechselnd: Auf einer Runway finden ausschließlich Starts, auf der anderen die Landungen statt, ab drei Uhr nachmittags wird gewechselt. Zusätzlich werden die Starts, soweit es die Windverhältnisse zulassen, nach Westen, weg von den Wohngebieten, durchgeführt. Die Querwindbahn 23/05 wurde vor einigen Jahren geschlossen und zum Rollweg umfunktioniert. Unter den jetzigen Verhältnissen jedoch – das Start- und Landebahnsystem in LHR ist bereits zu 98 Prozent ausgelastet – wird überlegt, die beiden Parallelbahnen voll sowohl für Starts als auch für Landungen zu nutzen. Auf diese Weise könnten die Kapazitäten von den derzeit 480.000 möglichen Flugbewegungen auf 550.000 pro Jahr gesteigert werden.

Denn nicht nur die Platzverhältnisse waren und sind noch immer ein Problem, sondern auch Slots sind ein seltenes Gut in Heathrow. Neue Fluggesellschaften haben es schwer, Zeitfenster für Starts und Landungen zu ergattern; in der Regel müssen sie diese von anderen Airlines kaufen. Und gerade Slots werden derzeit so stark nachgefragt wie noch nie, denn die jahrelangen Restriktionen im Transatlantikverkehr – nur vier Fluggesellschaften, nämlich British Airways, Virgin Atlantic, American Airlines und United Airlines durften Flüge ab Heathrow in die Vereinigten Staaten anbieten – wurden zum 30. März 2008 im Rahmen eines neuen sogenannten Open-Skies-Abkommen zwischen Europa und den USA aufgehoben. Nun ist der lukrative Markt ab Heathrow offen, und zahlreiche europäische und US-Fluggesellschaften haben neue Dienste zwischen diesen beiden Märkten angekündigt bzw. bereits aufgenommen.

Tatsächlich ist New York JFK die wichtigste internationale Destination ab London, gefolgt von Dublin, Amsterdam, Paris CDG, Chicago und Dubai. Für ankommende Passagiere wiederum dürfte die Innenstadt von London vermutlich das interessanteste Ziel ihrer Reise sein. Heathrow ist neben dem zentralen City Airport übrigens der einzige Londoner Flughafen, der noch innerhalb der Grenzen des Großraums London liegt. Für die Anbindung an die Paddington Station in der City sorgen der Heathrow Express, der alle 15 Minuten die fünf Terminals anfährt, Heathrow Connect im halbstündigen Rhythmus sowie die U-Bahn-Linie Picadilly Line, die bis zu 50 Minuten in die Londoner Innenstadt braucht. ■

Stolz und Schande der Nation: Terminal 5 wurde im März 2008 eröffnet und in den darauf folgenden Monaten stufenweise von British Airways und ihren Partnern in Betrieb genommen.

Im Gegensatz zum zweiten Tokioter Flughafen Narita, an dem die meisten internationalen Flüge aus dem Großraum Tokio abgehen, werden am Tokyo International Airport, auch Haneda Airport genannt, fast ausschließlich Inlandsflüge abgewickelt – abgesehen von den drei Punkt-zu-Punkt-Diensten nach Seoul in Südkorea sowie in die chinesischen Metropolen Schanghai und Hongkong. Obgleich das Gros der Flüge ab Haneda innerjapanische Ziele ansteuert, ist er nicht nur der größte Flughafen in ganz Asien, sondern auch der viertgrößte der Welt. Über 66 Millionen Fluggäste wurden im Jahr 2007 abgefertigt, und das bei weniger als 330.000 Flugbewegungen. Möglich ist dies nur, weil vorzugsweise Großraumflugzeuge eingesetzt werden, und nötig ist dies wegen des begrenzten Platzangebots vor Ort.

Dass der Großraum Tokio vor allem eines nicht hat, nämlich genügend bebaubare Flächen, haben die Stadtväter schon vor bald achtzig Jahren erkannt, weshalb der Airport damals bereits in bzw. an die Bucht von Tokio gesetzt worden ist. Auch zu jener Zeit wurden hauptsächlich Regionalflüge abgewickelt – Inlandsdienste und solche nach Korea oder in die Mandschurei, die Japan ab 1931 besetzt hatte. Nach dem Zweiten

TOP 100 NO. 4

Tokyo International Airport

Größter Inlandsflughafen der Welt

1955 wurde ein großes Terminal errichtet, das in den neunziger Jahren abgerissen wurde. 1964 fanden in Tokio die Olympischen Sommerspiele statt, zu denen nicht nur der Duty-Free-Verkauf am Airport aufgenommen, sondern auch ein separates nationales Ankunftsgebäude errichtet sowie die Monorail vom Flughafen in die Innenstadt in Betrieb genommen wurden. Ein internationales Terminal und eine neue Piste kamen 1970 dazu, doch der Verkehr wuchs unaufhaltsam und erforderte weitere Maßnahmen. So entschied die japani-

Der Flughafen Haneda wurde zum großen Teil auf einer aus Bauschutt aufgeschütteten, künstlichen Insel in der Bucht von Tokio errichtet. Sein Wahrzeichen ist Terminal 1, das in den 1990er-Jahren gebaut wurde.

Weltkrieg diente Haneda als US Air Base und erhielt die ersten internationalen Verbindungen. Northwest Orient (heute Northwest Airlines) verband das Reich der aufgehenden Sonne über Haneda nicht nur mit den USA, sondern auch mit den Nachbarstaaten. In den 1950er-Jahren, als zunächst ein Teil des Luftwaffenstützpunkts und 1958 dann der ganze Airport an die Japaner zurückgegeben worden war, kamen die europäischen Fluggesellschaften hinzu, allen voran BOAC, SAS und Aeroflot, später auch Swissair oder Sabena, und dann natürlich die berühmte Pan Am, die Haneda ebenso wie Northwest als Asien-Drehscheibe nutzte.

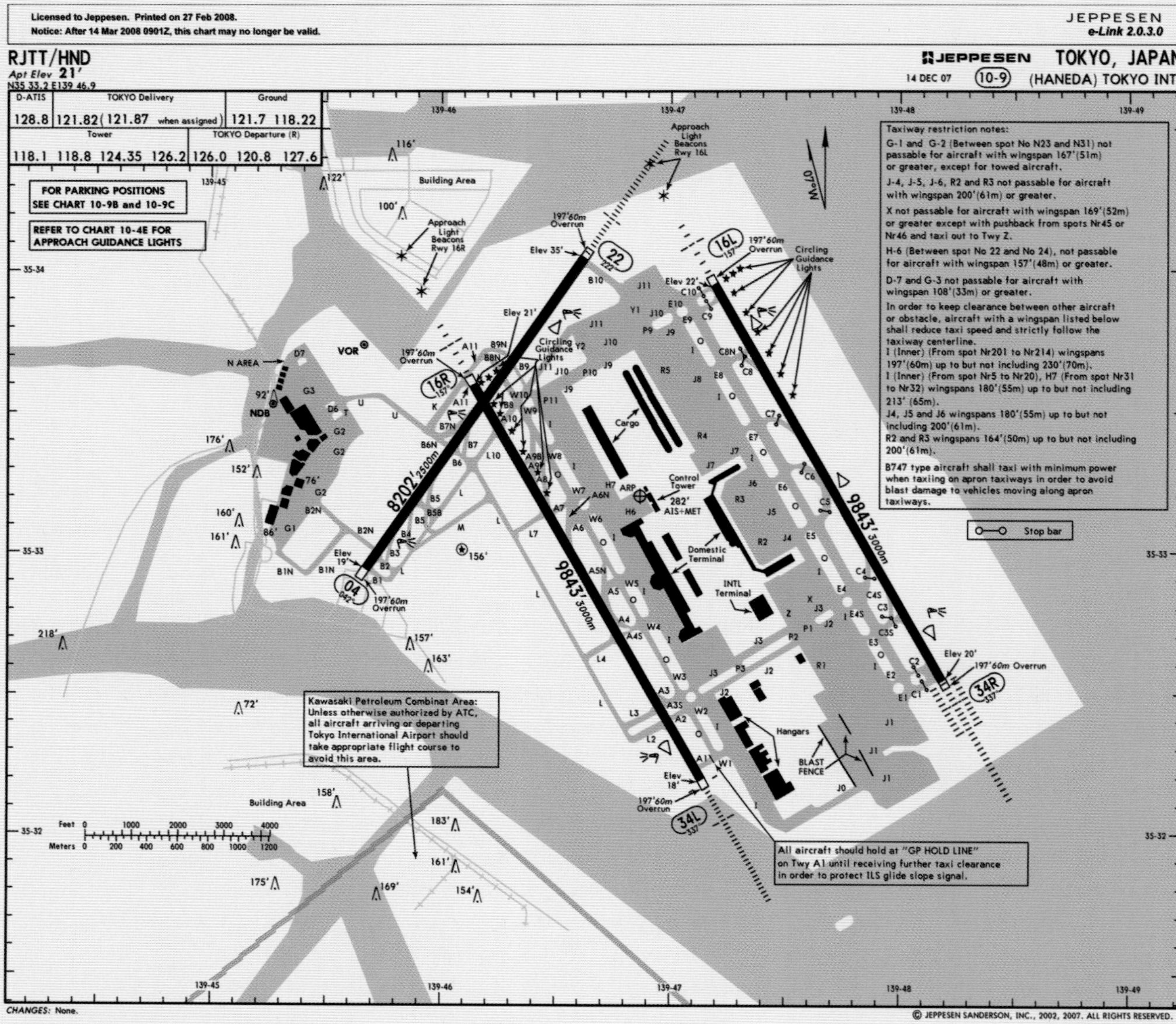

NOT FOR NAVIGATIONAL USE

Tokyo International Airport

Eröffnet	1931
IATA-Code	HND
Eigentümer	Staat
Betreibergesellschaft	Civil Aviation Bureau, Ministry of Land, Infrastructure and Transport
Heimatfluggesellschaften	ANA, JAL
Geograph. Lage	35°33'12"N, 139°46'52"O
Höhe über NN	
Fläche	k. A.
Start- und Landebahnen	04/22 CAT I, 2,500 m 16L CAT I/34R CAT II, 3.000 m 16R/34L, 3,000 m

Terminals	3
Gates	178
Flugzeugparkpositionen	138
Passagiere	66.671.435
Fracht	851.551 t
Flugbewegungen	330.000
Flughafenmitarbeiter	ca. 300 (Japan Airport Terminal Ltd.)
Betriebszeiten	24 h
Homepage	www.tokyo-airport-bldg.co.jp/

sche Regierung schon bald, einen neuen internationalen Airport für die Hauptstadtregion zu bauen: Der Flughafen Narita wurde, rund 70 Kilometer von Tokio entfernt, auf die grüne Wiese gesetzt und 1978 in Betrieb genommen. Alle internationalen Verbindungen, abgesehen von denen nach Taiwan, konnten damit von Haneda abgezogen werden, das als reiner Inlandsflughafen zunächst wieder über ausreichend Kapazitäten verfügte, zumal 1988 eine neue Start- und Landebahn (die heutige Runway A) auf einer ehemaligen Mülldeponie ins Meer gebaut wurde. Nachdem allerdings im Jahr 1990 die Grenze von 40 Millionen Passagieren überschritten wurde, musste ein weiteres Terminal (heute Terminal 1, genannt „Big Bird") her, das ebenfalls auf Aufschüttungen im Meer errichtet und 1993 eröffnet wurde: Seine Architektur erinnert an ein gigantisches Einkaufszentrum, die zahllosen Geschäfte in seinem Inneren tun ihr übriges.

1997 und 2000 wurden zwei weitere Runways (heute B und C) in Betrieb genommen, im Dezember 2004 dann Terminal 2 eröffnet. Erstmals an einem japanischen Flughafen fand damit auch eine räumliche Trennung der Fluggesellschaften in verschiedenen Terminals statt, denn während JAL, Skymark Airlines und Skynet Asia im ebenfalls renovierten Terminal 1 verblieben, zogen ANA und Hokkaido International Airlines in das neue, 180.000 Quadratmeter große Gebäude um. Erleichterung machte sich nicht nur bei den Flughafenbetreibern ob der neuen Kapazitäten breit, sondern auch unter den Passagieren, denn mit den dazu gewonnenen Passagierbrücken am neuen Terminal konnten 90 Prozent aller Flüge in Haneda direkt am Gate abgefertigt werden. Um weitere Kapazitäten zu gewinnen, entsteht zur Zeit eine vierte Start- und Landebahn. Diese wird, wie der Flughafen selbst, ins Meer gebaut und nach ihrer Vollendung im Jahr 2010 die Zahl der möglichen Flugbewegungen von derzeit 285.000 auf 407.000 pro Jahr steigern.

Weil das Meer im Gegensatz zum Festland praktisch unbegrenzt Platz für weitere Expansion bietet, besteht eine weitere Überlegung des japanischen Transportministeriums darin, auch wieder mehr internationale Flüge, die seinerzeit alle nach Narita ausgelagert worden waren, nach Haneda zu holen, sofern sich deren Ziele innerhalb eines Radius von 1.947 Kilometern ab HND befinden; mögliche Destinationen befinden sich in Korea, einem Teil von China sowie Ostsibirien.

Terminal 2, das 2004 fertig gestellt worden ist, machte erstmals eine räumliche Trennung der großen Fluggesellschaften nach Abfertigungsgebäuden möglich.

Und das nicht nur, weil in Tokio das Umsteigen von einem internationalen zu einem Inlandsflug eine wenngleich angenehm gestaltete, aber dennoch langwierige Angelegenheit ist, sondern auch, weil Narita unter Kapazitätsengpässen leidet. Von privaten Investoren finanziert, entsteht daher vermutlich bis Ende 2009 zwischen den beiden Pisten 34L/16R und 04/22 im Süden des Areals eine internationale Zone samt Passagier- und Frachtterminals. Sowohl die Monorail als auch die Keihin Kyuko Railway, die die Fahrt ins rund 15 Kilometer entfernte Tokio in 20 bis 30 Minuten zurücklegen, werden mit diesem neuen internationalen Bereich verbunden. Für beide gibt es selbstverständlich auch Haltestellen an den Terminals 1 und 2. Diese sind übrigens durch einen Tunnel miteinander verbunden, während das kleinere internationale Abfertigungsgebäude per Busshuttle zu erreichen ist. Es ist rund um die Uhr geöffnet und nimmt nicht nur die Auslandsflüge, sondern auch die Nachtflüge auf.

Sollten die Kapazitäten in Haneda eines Tages erschöpft sein, so existieren bereits Pläne für einen dritten Flughafen: Nicht weiter als 150 Kilometer vom Stadtzentrum entfernt, würde dieser ebenfalls ins Meer gebaut. ■

TOP 100 NO. 5

Los Angeles International Airport

Internationales Wachstum

Anfang Februar 2007 erschien in der Los Angeles Times ein Artikel des Inhalts, dass die internationalen Fluggesellschaften ihre Dienste ab dem Los Angeles International Airport wegen der dortigen veralteten Einrichtungen verringerten und auf die moderneren Airports von San Francisco oder Las Vegas auswichen. Das Tom Bradley International Terminal in LAX, so der IATA-Code des größten der vier Flughäfen von Los Angeles, war damals über 20 Jahre alt, und seit dessen Eröffnung anlässlich der Olympischen Sommerspiele 1984 war in Sachen Modernisierung am Airport nicht mehr viel geschehen. Dieses Armutszeugnis konnte die Flughafenbetreiberin LAWA selbstverständlich nicht auf sich sitzen lassen. Immerhin weist LAX, hinter New York JFK und Miami, mit über 17 Millionen die meisten internationalen Passagiere in den USA auf; er ist das klassische Einfalltor in den Westen der Vereinigten Staaten mit Verbindungen zu rund 90 nationalen und 70 über den ganzen Globus verteilten internationalen Destinationen. Ob das Programm zur Modernisierung und Erweiterung des internationalen Terminals nun aufgrund jenes Zeitungsartikels gestartet wurde, oder ob es ohnehin im Rahmen des Masterplans für LAX an der Reihe gewesen wäre, sei dahin gestellt. Fakt ist jedenfalls, dass die Maßnahmen bereits Folgen zeigten, denn zahlreiche Airlines – von Alitalia über Air France-KLM, Emirates, Korean Air oder Qantas bis hin zu V Australia – legten neue Dienste nach Los Angeles auf.

Gleichzeitig ist LAX der Flughafen, der weltweit die meisten „Origin-&-Destination"-Passagiere aufweist, also solche, die nicht umsteigen, sondern deren Flugreise in Los Angeles beginnt bzw. endet. Und die meistfrequentierten Ziele, die die Passagiere ab Los Angeles ansteuern, sind San Francisco und London.

Dabei erschien die Zukunft des Platzes mit seiner staubigen Piste, der 1928 als Mines Field zum Stadtflughafen von Los Angeles ernannt wurde, eher fragwürdig. Denn die damals großen Fluggesellschaften, allen voran Pan Am, TWA, American und United Airlines, bevorzugten San Francisco, wo das Zentrum von Handel, Wirtschaft und Verkehr in Kalifornien lag. Erst die Ansiedlung von Luftfahrtindustrie – unter anderem von Douglas und Northrop – sorgte für das nötige Interesse der Airlines. Obwohl der Zweite Weltkrieg den beginnenden Aufschwung des inzwischen Los Angeles Airport genannten Lufthafens zunichte machte, stellten die Betreiber bereits während der Kriegsjahre einen zweistufigen Ausbauplan vor, der in der Endphase zwei Terminalbauten zwischen zwei Pistenpaaren vorsah, und dessen Umsetzung nach dem Krieg begonnen wurde. Erst 1961 jedoch konnten die neuen Einrichtungen in Betrieb genommen werden; bis dahin mussten sich die inzwischen 21 Fluggesellschaften vor Ort mit provisorischen Abfertigungsgebäuden begnügen. Damals erhielt der Airport auch sein Wahrzeichen, das sogenannte Theme Building, dessen Form an eine fliegende Untertasse erinnert und dessen Dachgeschoss samt Restaurant nach den Anschlägen auf die Zwillingstürme des New Yorker World Trade Centers am 11. September 2001 – vermutlich für immer – für die Öffentlichkeit geschlossen wurde.

Die Wohngebiete rund um LAX enden inzwischen praktisch direkt vor dem Flughafenzaun, weshalb die Betreiber so manchen Kompromiss bei den künftigen Ausbauplänen eingehen müssen.

Der Airport ist das Gateway in den Westen der USA, und für die großen asiatischen Carrier wie die japanische All Nippon Airways ist LAX fast ein Muss im Transpazifikverkehr.

Ende der siebziger Jahren zwangen 40 Millionen Passagiere pro Jahr sowie vor allem die 1984 anstehenden Olympischen Spiele erneut zu einem umfangreichen Ausbauprogramm, das zwei neue Terminals, die Renovierung der bestehenden Einrichtungen, eine völlig neue Wegführung zum Flughafen auf zwei Ebenen sowie einen neuen Tower vorsah. Gerade rechtzeitig vor Beginn des sportlichen Großereignisses konnten ein neues Inlandsfluggastgebäude, das Terminal 1, sowie das Tom Bradley International Terminal fertig gestellt werden. Seither hat sich am Aussehen des Airports, dessen neun Abfertigungsgebäude hufeisenförmig angeordnet sind, nicht mehr viel verändert. Allerdings erforderte das weiter steigende Flugaufkommen Maßnahmen zum Schutz der Anwohner: Ein Lärmschutzprogramm begrenzte die Anzahl nächtlicher Flugbewegungen auf 100, zudem ist der Airport seit dem Jahr 2000 für die sogenannten Kapitel-2-Flugzeuge gesperrt.

Die zahlreichen Anrainer vereitelten auch einen umfassenden und milliardenschweren Ausbau des Flughafens. Ein darüber jahrelang schwelender Streit zwischen Airport und Anwohnern konnte erst 2005 durch einen Kompromiss aufgelöst werden, der einige der im Masterplan anvisierten Projekte gestattete, andere auf Eis legte. Umgesetzt werden nun also die längst überfällige Renovierung des Tom Bradley International Terminals sowie der Bau eines neuen Abfertigungsgebäudes mit zehn Gates, an denen auch das Großraumflugzeug Airbus A380 andocken kann. Es wird per People-Mover mit dem internationalen Terminal verbunden und soll bis 2010 fertig gestellt sein. Ein landseitiges Personentransportsystem soll Passagiere und Flughafenmitarbeiter zwischen den Parkzonen, dem ebenfalls geplanten Mietwagenzentrum und den Terminals hin und her befördern. Weil die Betreiber von LAX ohnehin darauf setzen, dass das künftige Wachstum vor Ort hauptsächlich über Großraumflugzeuge erreicht werden kann, soll auch das Start- und Landebahnsystem entsprechend modifiziert werden. So entstehen jeweils zwischen den beiden Parallelpistenpaaren zentrale Rollwege, weshalb die Pisten 25L und 24L nach Süden versetzt werden müssen, was wiederum den Abriss der Terminals 1, 2 und 3 sowie des nördlichen Teils des Tom Bradley International Terminals bedingt.

Profitieren werden von diesen Maßnahmen in erster Linie die Passagiere von United Airlines, die als größter Carrier vor Ort einen Marktanteil von rund 17 Prozent aufweist, dicht gefolgt von American Airlines mit einer Marktdurchdringung von 15 Prozent. Allerdings sind es nicht nur sie, die vermehrt Geld an den Airport bringen, sondern die vielen Fluggesellschaften aus dem Ausland. Laut einer Studie der Los Angeles County Economic Development Corporation pumpt ein täglicher Transatlantik- oder Transpazifikflug rund 620 Millionen Dollar pro Jahr in die Region und sorgt für 3.120 direkte und indirekte Arbeitsplätze. Und auch, wenn die Fluggesellschaften dem Airport in der Vergangenheit den Rücken gekehrt haben, verfügt LAX über etwas, das kein anderer Airport an der Westküste in diesem Maße aufweisen kann: ein riesiges Einzugsgebiet mit einem derart großen Wirtschaftspotential, das die (Ko)-Existenz dreier weiterer (Regional-)Flughäfen im Großraum Los Angeles ermöglicht. ■

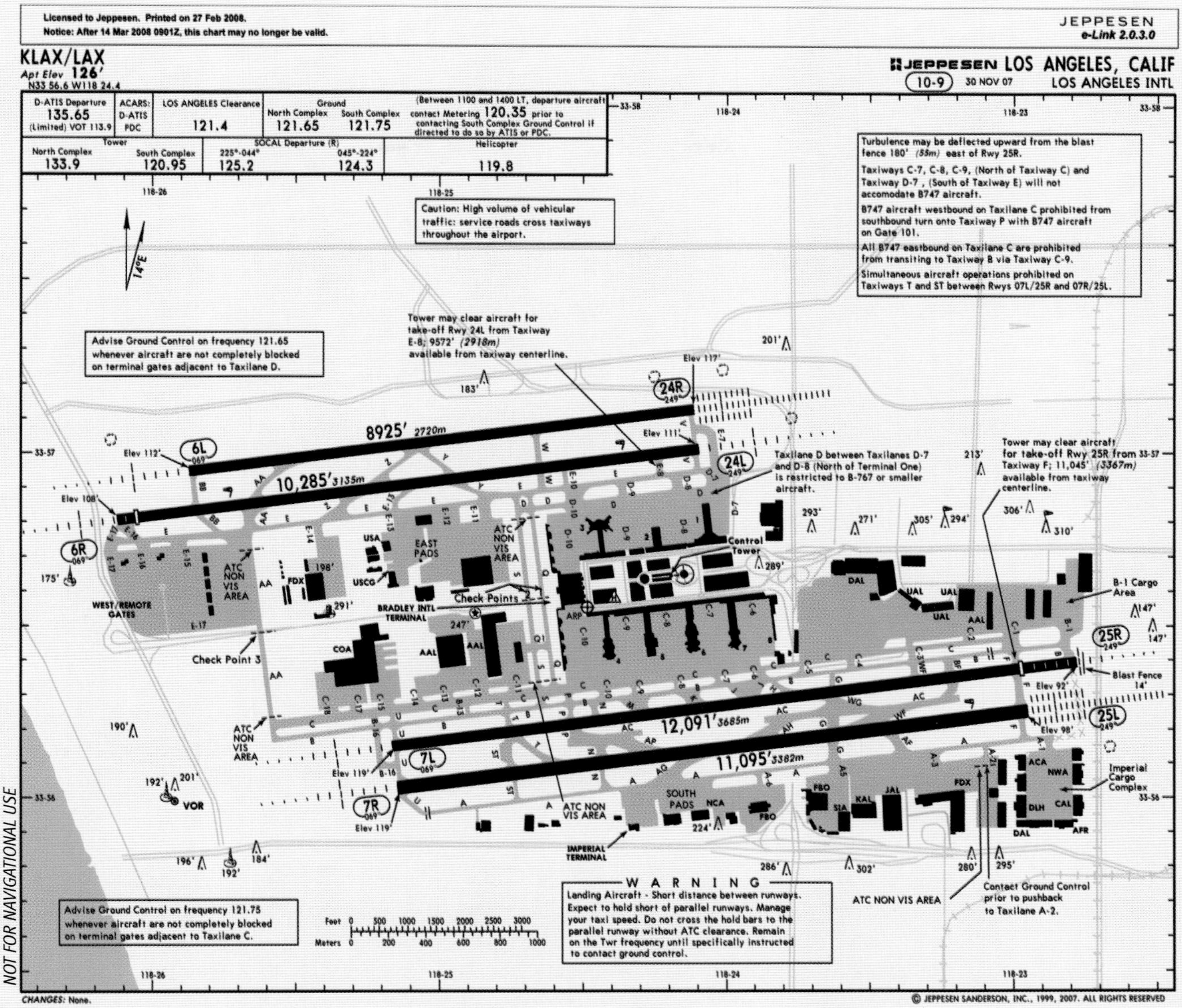

NOT FOR NAVIGATIONAL USE

Los Angeles International Airport

Eröffnet	1928
IATA-Code	LAX
Eigentümer	City of Los Angeles
Betreibergesellschaft	Los Angeles World Airports (LAWA)
Heimatfluggesellschaft	United Airlines
Geograph. Lage	33°56'33"N, 118°24'29"W
Höhe über NN	38,1 m
Fläche	1.386 ha
Start- und Landebahnen	06L CAT I/24R CAT IIIb, 2.720 m
	06R CAT I/24L CAT I, 3.135 m
	07L CAT I/25R CAT I, 3.685 m
	07R CAT I/25L CAT IIIb, 3.382 m

Terminals	9
Gates	108 (im Terminalbereich)
Flugzeugparkpositionen	26 Vorfeldpositionen
Flughafenmitarbeiter	Insgesamt: ca. 50.000, LAWA: 2.700
Passagiere	61.895.548
Fracht	1.877.876 t
Flugbewegungen	681.445
Betriebszeiten	24 h
Homepage	www.lawa.org

TOP 100 NO. 6

Paris Charles de Gaulle

Wiederausbau in Roissy

Das riesige Terminal 2 verfügt bereits über sechs Abflughallen und zwei dazu gehörige Satelliten. Hauptsächlich werden dort die Passagiere der Heimatfluggesellschaft Air France abgefertigt; so auch am internationalen Schengen-Terminal 2F (Bild auf dieser Seite), dessen Passagierbrücken wie die Beine eines riesigen Insektes aussehen.

Schlechte Presse kann gnadenlos sein. So wie Anfang 2008, als die US-Zeitschrift „Foreign Policy" eine Liste mit den „schlechtesten Flughäfen der Welt" veröffentlichte. Hinter den Airports von Dakar, Neu-Delhi, Mineralnyje Wody und Bagdad wurde doch tatsächlich Paris-Roissy (Charles de Gaulle) als Nummer fünf aufgeführt. Doch schlechte Presse kann auch hilfreich sein, denn wenig später gab die Flughafenbetreiberin Aéroports de Paris (ADP) bekannt, dass an den beiden Pariser Flughäfen Roissy und Orly bis Ende 2008 neue, einheitliche Piktogramme eingeführt würden. Eine Kausalität zwischen den beiden Ereignissen kann, muss aber nicht bestehen, doch die Beschilderung am zweitgrößten Flughafen Europas lag von Anfang an im Argen, obgleich sie vom großen Schweizer Schriftgestalter Adrian Frutiger entworfen worden war. Aus der extra für den erst 1974 eröffneten Airport gestalteten und zunächst Roissy genannten Schrift wurde übrigens eine der beliebtesten Schriften – die Frutiger – entwickelt. Nichtsdestotrotz irrten noch Ende der 1990er-Jahre ankommende Passagiere nicht selten orientierungslos durch die Hallen des Terminals 2, weil nirgends ersichtlich war, in welcher der damals vier Abfertigungshallen (2A bis 2D) sie sich befanden. Diese Zustände haben sich inzwischen geändert, und was weithin sonst noch in CDG bemängelt wird, dürfte sich von den Zuständen an anderen Großflughäfen kaum unterscheiden: hohe Preise für den Kaffee zwischendurch, nicht immer freundliche Flughafenmitarbeiter, Verspätungen... Derlei gehört eben auch zum Geschäft. Allerdings trennt sich hier in der Tat die Spreu vom Weizen, denn unhöfliche oder gar falsche Auskünfte gibt es beispielsweise am Flughafen Singapore Changi, der nicht umsonst Jahr für Jahr zum besten Airport der Welt erkoren wird, nicht.

Dennoch, Paris CDG ist der sechstgrößte Flughafen auf dem Globus und ein durchaus würdiges Drehkreuz für seine Heimatfluggesellschaft Air France, die in Paris für rund 60 Prozent des Verkehrsaufkommens bzw. knapp 32 Millionen Fluggäste verantwortlich zeichnet und dort täglich 820 Flüge, davon über 150 Langstreckendienste, abwickelt. So ist es denn auch kein Wunder, dass sie einen nicht unwesentlichen Teil des Terminals 2, nämlich 2C bis 2F, für sich und ihre Partner der SkyTeam-Allianz beansprucht.

Ein Sorgenkind nicht nur von Air France, sondern auch der ADP, war die Abflughalle des erst 2003 eröffneten internationalen Terminals 2E, dessen Decke am

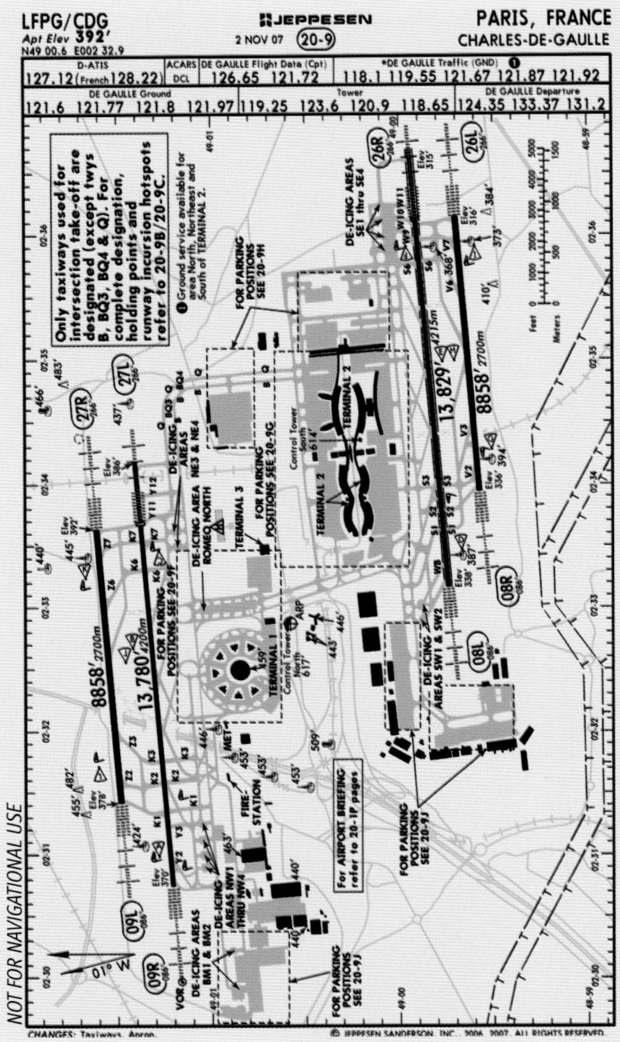

Aéroport Paris Charles de Gaulle	
Eröffnet	1974
IATA-Code	CDG
Eigentümer	Staat
Betreibergesellschaft	Aéroports de Paris
Heimatfluggesellschaft	Air France
Geograph. Lage	49°00'35"N, 2°32'55"O
Höhe über NN	119,48 m
Fläche	650 ha
Flughafenmitarbeiter	84.500
Passagiere	59.919.383
Flugbewegungen	552.721
Fracht	2.297.896 t
Start- und Landebahnen	09R CAT III/27L CAT III, 4.200 m 08L CAT III/26R CAT III, 4.215 m 09L CAT III/27R CAT III, 2.700 m 08R CAT III/26L CAT III, 2.700 m
Terminals	8
Gates	204
Flugzeugparkpositionen	440
Betriebszeiten	24 h
Homepage	www.adp.fr www.aeroportsdeparis.fr

23. Mai 2004 teilweise eingestürzt war, was vier Menschenleben forderte. Aus Sicherheitsgründen wurde das Dach über die gesamte Länge des Gatebereichs von 2E, genannt „Jetty“, abgerissen und als Glas-Stahl-Konstruktion neu errichtet. Damit normalisierte sich auch die Abfertigung der Air-France-Langstreckenflüge wieder, die zum Teil in zwei provisorische Gebäude in Terminalnähe verlagert bzw. anfangs sogar vom Schwesterflughafen Orly aufgenommen worden waren. Dabei war CDG ab Mitte der 1960er-Jahre zur Entlastung von Orly errichtet worden.

Sein Terminal 1 war ganz im Stil der Zeit, als Rundbau mit sieben trapezförmigen Satelliten und den denkbar kürzesten Wegen für die Passagiere, konzipiert. Dieser Vorteil kehrte sich bald ins Gegenteil um, denn das Gebäude konnte nicht erweitert werden. So entstand nach und nach der Komplex des Terminals 2, dessen erste Abflughalle B 1981 eingeweiht wurde, gefolgt von A im Jahr darauf. Fast Schlag auf Schlag folgten bis zum Jahr 2003 die Terminals 2C bis 2E sowie etwas abgelegen die heute Terminal 3 genannte Abfertigungseinrichtung für Charterflüge (damals T9), deren Kapazitäten inzwischen auf 3,5 Millionen jährliche Fluggäste erweitert wurden.

Nach dem Bau des modernen Komplexes von Terminal 2 wurde umso deutlicher, dass Terminal 1 aus einer Zeit stammte, in der das Fliegen vom Massentransport noch weit entfernt war. Infolge dessen wurde der betagte Bau, in dem unter anderem die Mitglieder der Star Alliance untergebracht sind, grundrenoviert, so dass er heute Kapazitäten für zehn Millionen Fluggäste pro Jahr sowie die gleichen Standards wie die Abfertigungshallen 2E und 2F aufweist. Doch auch weitere Kapazitäten wurden und werden geschaffen, beispielsweise mit dem Satelliten S3, der östlich von 2E und 2F angesiedelt ist und im Juni 2007 in der ersten Phase in Betrieb ging. Ausgelegt auf 8,5 Millionen jährliche Fluggäste, bietet S3 Platz für 26 Flugzeuge, davon sechs A380. Er ist durch einen Übergang mit 2F ver- sowie mit einem People-Mover an 2E angebunden. Im Anschluss an S3 entstand das Regionalterminal 2G für rund drei Millionen Fluggäste pro Jahr mit 20 Gates für 50- bis 100-sitzige Regionalflugzeuge. In den Platz zwischen dem Satelliten S3 und dem Terminal 2G wird bis 2012 noch der Satellit S4 für Langstreckenflüge mit 16 Gates errichtet, von denen sieben auf das Großraumflugzeug A380 ausgelegt sind.

Das ursprüngliche Pistensystem – zunächst gab es je eine Start- und Landebahn im Norden und Süden des Areals – könnte mit der Ausweitung der Kapazitäten kaum mithalten, hätte es nicht bis zum Jahr 2000 Verstärkung in Form zweier zu den bestehenden Bahnen jeweils paralleler Runways erhalten, die 120 Flugbewegungen pro Stunde ermöglichen. Und weil das immer länger werdende Terminal 2 die Sicht der Fluglotsen vom Tower aus, der zwischen den Terminals 1 und 2 steht, einschränkte, erhielt T2 einen eigenen Kontrollturm, von dem aus das südliche Pistenpaar eingesehen werden kann. Zum Schutz der Anwohner hat die französische Regierung den Bau einer fünften Runway ausgeschlossen. Auch Pläne für einen dritten großen Flughafen im Großraum Paris wurden abgelehnt; vielmehr sollen verstärkt Regionalflughäfen in das Flugstreckennetz eingebunden werden.

Wesentlich mehr Priorität genießt der Anschluss an das Pariser Zentrum. Geplant ist der Bau des CDG Express, der neben der bestehenden S-Bahn bzw. der Regionalbahn RER eine deutlich schnellere Verbindung in die Seine-Metropole schaffen soll. Und CDG verfügt über einen Anschluss an den Hochgeschwindigkeitszug TGV, der in nur vier Stunden bis nach Frankfurt braust. Eine mindestens ebenso angenehme Sache ist die sogenannte CDG VAL, ein automatischer People-Mover, der erst 2006 in Betrieb ging und die Terminals sowie RER- und TGV-Bahnhof in nur acht Minuten verbindet und den Busshuttle ablöste. ■

Moderne und lichtdurchflutete Einrichtungen prägen heute das Gesicht von Terminal 2.

Terminal 1 weist die Architektur der späten sechziger und siebziger Jahre auf: Das Fluggastgebäude wird umringt von seinen Satellliten.

Dallas/Fort Worth International Airport

Flugplatz mit Superlativen

Ob es mit dem texanischen Hang zur Protzerei zusammenhängt oder schlicht weise Voraussicht ist, sei dahingestellt. Tatsache ist jedoch, dass der Flughafen Dallas/Ft. Worth so einige Superlative zu bieten hat. Er ist nicht nur der größte Flughafen des US-Bundesstaates Texas, sondern – flächenmäßig – nach dem von Denver auch der zweitgrößte der USA und angeblich (noch) der viertgrößte der Welt. Bei der Zahl der Flugbewegungen bringt er es auf Platz drei der Weltrangliste, von den Passagierzahlen her – 2007 waren es rund 60 Millionen Fluggäste – steht er weltweit an sechster Stelle, und innerhalb der nächsten Dekade rechnen die Betreiber mit bis zu 100 Millionen Reisenden. Zudem gilt er als einer der besten Frachtflughäfen auf dem Globus, und er dürfte auch eine der jüngsten Luftverkehrsdrehscheiben sein. DFW, so der IATA-Code, wurde nämlich erst 1974 in Betrieb genommen. Allerdings kann die Luftfahrt im Staate Texas auf eine erheblich längere Tradition zurückblicken, doch bis sich die beiden Städte Dallas und Fort Worth auf die Errichtung eines gemeinsamen Airports geeinigt hatten, vergingen Jahrzehnte des Streits – was in der Geschichte der Fliegerei ebenfalls nicht allzu häufig vorgekommen sein dürfte. Erst ein Machtwort der Luftfahrtbehörde FAA führte zur Errichtung eines gemeinsamen Flughafens, der etwa in der Mitte zwischen den beiden Städten liegt und im Januar 1974 in Betrieb genommen wurde. Um die Stellung des neuen und nach eigenen Angaben größten und teuersten Airports der Welt zu sichern, wurde 1979 das Wright-Amendment verabschiedet, das die Flüge ab dem alten Flughafen

Das großzügige Start- und Landebahnsystem gestattet in DFW den Simultanbetrieb auf vier Pisten. Allerdings sorgen deren Anlage hin und wieder für Staus bzw. stockenden Verkehr auf den Rollwegen.

von Dallas Love Field beschränkte: Flugzeuge mit mehr als 56 Sitzplätzen durften nur Ziele ansteuern, die in einem an Texas angrenzenden Bundesstaat lagen. Zur Festigung der Stellung von DFW sorgte zudem die Ansiedlung von American Airlines, die noch 1979 ihren Firmensitz hierher verlegt hatte, um zwei Jahre später ihr Drehkreuz vor Ort aufzubauen. Gleichfalls richtete auch Delta Air Lines dort einen Hub ein, den sie während ihres Konkursverfahrens im Jahr 2004 aber aufgeben musste; eine Lücke, die die Flughafenbetreiber nur schwer füllen konnten. Nichtsdestotrotz kann DFW auf 173 Destinationen, davon 63 weltweit, verweisen, die von 14 einheimischen und sieben internationalen Fluggesellschaften bedient werden. Immerhin reisen von den täglich 164.000 Fluggästen knapp zehn Prozent ins Ausland bzw. kommen von dort an, während 60 Prozent aller Passagiere Umsteiger sind.

An derart viele Transfer-Passagiere dachten die Planer nicht im Traum, als sie den Airport entwarfen. Im Gegenteil. Zugeschnitten auf den einheimischen Passagier, der mit dem Auto möglichst nahe zum Check-in fahren konnte, um dann auf kürzestem Weg zum Flugzeug zu gelangen, erwies sich das Konzept später als Hindernis. Denn die einzelnen hufeisenförmigen Terminals A, B, C, D und E sind paarweise mit der offenen Seite zueinander angeordnet, A gegenüber von B und zugleich nördlich von C. Dies wiederum hat sein westliches Gegenstück in D, südlich von ihm schließt sich E an. Die jüngste Errungenschaft ist das internationale Terminal D, im Juli 2005 eröffnet, mit 28 Gates und 99 Check-in-Schaltern bestückt und auf 11,7 Millionen Fluggäste jährlich ausgelegt ist. Kurz zuvor war das automatische Personentransportsystem Skylink in Betrieb genommen worden, das alle fünf Terminals sowie ein geplantes sechstes Abfertigungsgebäude F, das künftige Gegenstück von E, miteinander verbindet. Die Kapazitäten können bei Bedarf um acht auf theoretisch 13 Terminals mit 260 Gates für die eingangs erwähnten 100 Millionen potentiellen Passagiere verstärkt werden. Der Zeitplan ist flexibel; vor allem die Reduzierung der Aktivitäten von Delta Air Lines hat gezeigt, dass sich die Wachstumskurve eines Airports auch in guten Zeiten abflachen kann. So hat man beispielsweise noch in den 1990er-Jahren für 2005 über eine Million Flugbewegungen prognostiziert. Inzwischen geht man davon aus, dass die Millionengrenze erst 2009 geknackt wird.

Bis dahin soll ein Manko des Airports behoben werden. Die bestehenden sieben Runways sind so angeordnet, dass Flugzeuge nach der Landung auf den äußeren Hauptbahnen auf dem Weg zum Terminal die inneren Parallelbahnen, die hauptsächlich für Starts genutzt werden, kreuzen müssen, was rund 1.700 Mal pro Tag geschieht und zu zahlreichen Staus und damit Verspätungen führt. Daher werden nördlich und südlich der vier zentralen Parallelbahnen zusätzliche Rollwege eingerichtet. Vorgesehen ist darüber hinaus der Bau einer achten Bahn 16/34W. Aber auch ohne die ist DFW schon heute der einzige Airport der Welt, auf dem vier Flugbewegungen gleichzeitig durchgeführt werden können. Um das alles zu überblicken, reicht ein einzelner Kontrollturm nicht mehr aus. Daher verfügt der texanische Flughafen – ebenfalls als weltweit einziger – auch über drei Tower. Und das ist ein weiterer Rekord. ■

Vom internationalen Terminal D gehen ausschließlich grenzüberschreitende (Langstrecken-) Flüge ab. Entsprechend großzügig ist das Einkaufsangebot im lichten Abflugbereich.

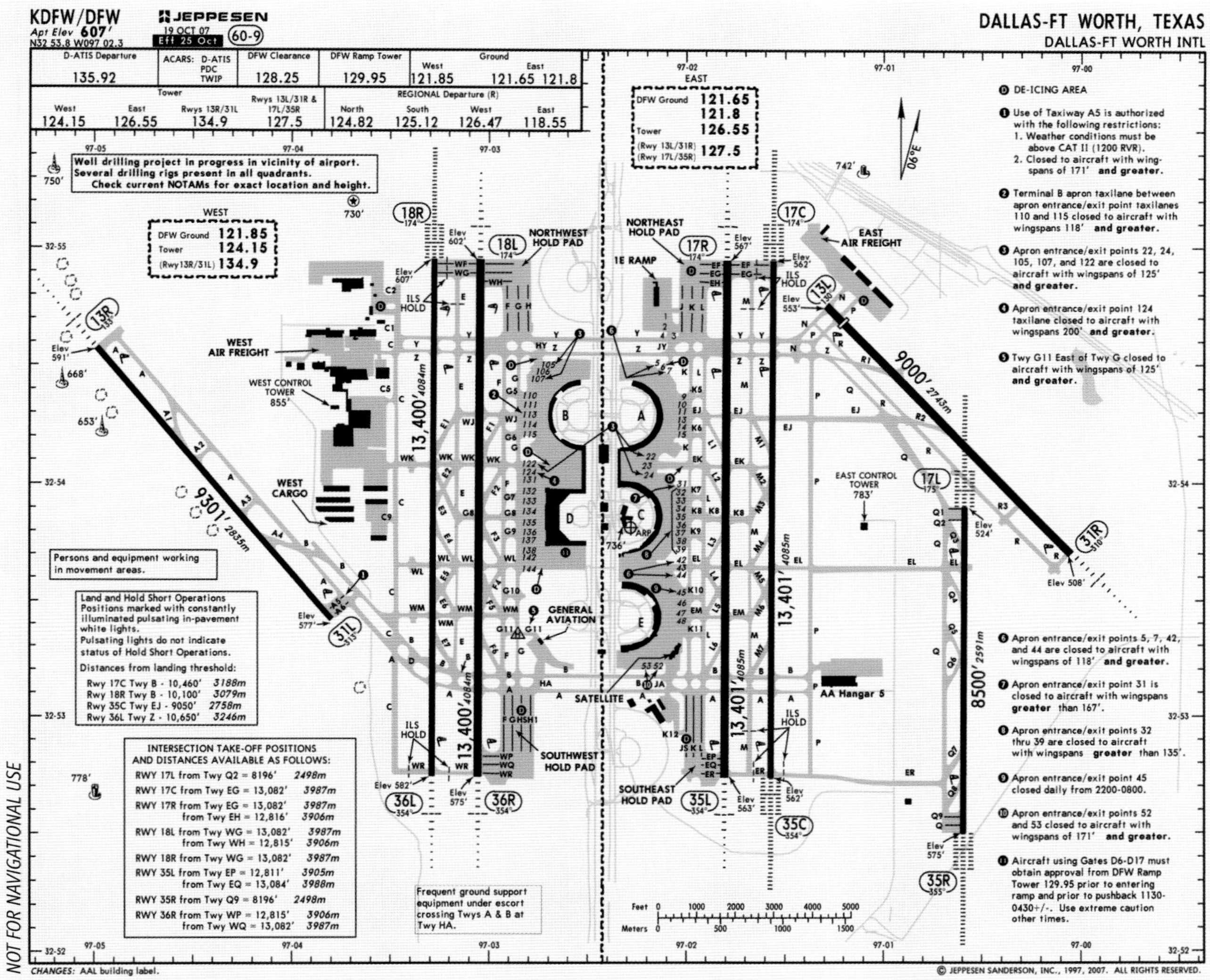

Dallas/Fort Worth International Airport

Eröffnet	1974	**Start- und Landebahnen**	17R CAT I/35L CAT I, 4.085 m,
IATA-Code	DFW		18L CAT I/36R CAT I, 4.084 m
Eigentümer	Städte Dallas, Fort Worth		18R CAT IIIb/36L CAT I, 4.084 m
Betreibergesellschaft	DFW Airport Board		17C CAT IIIb/35C CAT IIIb, 4.085 m
Heimatfluggesellschaft	American Airlines		13R CAT I/31L, 2.835 m
Geograph. Lage	32°53 '48"N, 97°02'16"W		13L/31R CAT I, 2.743 m
Höhe über NN	185 m		17L CAT IIIb/35R CAT IIIb, 2.591 m
Fläche	7.318 ha	**Passagiere**	59.784.876
Terminals	5	**Flugbewegungen**	684.779
Gates	155	**Fracht**	724.957 t
Flugzeugparkpositionen	150	**Betriebszeiten**	24 h
Flughafenmitarbeiter	ca. 60.000	**Homepage**	www.dfwairport.com

TOP 100 NO. 8 Flughafen Frankfurt

Die Nummer 1 in Deutschland

In Frankfurt ist die Welt zu Gast. Und das im wahrsten Sinne des Wortes, denn im Stadtteil Frankfurt-Flughafen treffen Menschen aus allen Erdteilen zusammen – um sich kurz darauf schon wieder in alle Winde und Richtungen zu zerstreuen. Dafür sorgen über 150 Fluggesellschaften, die den drittgrößten Airport Europas und achtgrößten der Welt im regelmäßigen Passagier- und Frachtdienst anfliegen. Über 300 Flugziele in 109 Ländern bieten sie an, mehr als 54 Millionen Fluggäste – davon 53 Prozent Umsteiger, die Umsteigezeit beträgt in allen Terminals 45 Minuten – wurden im Jahr 2007 durch die Hallen von FRA geschleust. Und das ist auch schon fast das Maximum, das derzeit erreicht werden kann. Denn Deutschlands Drehscheibe Nummer eins, der Heimatflughafen der Deutschen Lufthansa, ist voll, befindet sich am oberen Ende der vorhandenen Kapazitäten. Wer sein Angebot in Frankfurt ausbauen möchte, wird abgewiesen, Wachstum kann nicht durch mehr Frequenzen, sondern nur durch den Einsatz größerer Flugzeuge erzielt werden. Entsprechend blieb 2007 das Verkehrswachstum in Frankfurt mit 2,6 Prozent unter dem Bundesdurchschnitt von sechs Prozent. Die drei Runways können nicht simultan genutzt werden, möglich sind derzeit nur etwas über 80 Flugbewegungen pro Stunde, nötig wären bereits um die 100. Damit der Airport aufgrund dieser Beschränkungen nicht ins Hintertreffen gerät, soll bis 2011 eine vierte Piste gebaut werden, die die Kapazitäten des Start- und Landebahnsystems auf 120 Flugbewegungen stündlich bzw. von derzeit 420.000 auf rund 700.000 jährlich erhöhen wird.

Der Frankfurter Flughafen ist eingerahmt von Wäldern. Ausbauvorhaben werden dadurch jedoch nicht leichter, denn auch die Umweltverträglichkeit jeder Maßnahme muss genau geprüft werden.

Die Lufthansa und ihre Partnerfluggesellschaften sorgen in Frankfurt für rund 70 Prozent des Verkehrsaufkommens.

Zahlreiche Langstreckenflüge der Lufthansa und ihrer Partnerfluggesellschaften werden an Terminal 1B abgefertigt; künftig wird dort auch Platz für die Abfertigung der A380 geschaffen.

Die Kontroversen, die der geplante Bau dieser Runway aufgeworfen hat, stehen exemplarisch für die Entwicklung des Frankfurter Flughafens, der 1936 eröffnet worden war. Nach dem Zweiten Weltkrieg war FRA bzw. die Rhein-Main Air Base der US-Streitkräfte Hauptbasis für die Luftbrücke nach Berlin. Die Amerikaner hatten die beiden heutigen Parallelpisten 7/25 errichtet, die allerdings im Lauf der Jahrzehnte gehörig verlängert und verbreitert werden mussten. 1950 wurde der Flughafen an die Bundesrepublik Deutschland zurückgegeben, drei Jahre später nahm die Bundesanstalt für Flugsicherung ihren Dienst in FRA auf, und 1955 konnte erstmals ein Flugzeug der Deutschen Lufthansa in Frankfurt landen, gleichzeitig erhielt die noch junge Bundesrepublik ihre Souveränität und Lufthoheit zurück. Kurz darauf hatte sich der Airport bereits zur Nummer zwei in Europa gemausert, und schon 1958 war erstmals die Forderung nach einer dritten Startbahn laut geworden. Doch zunächst machte sich die Flughafen Frankfurt/Main AG daran, das neue Terminal Ost in Betrieb zu nehmen. Vier Jahre später wurde der Entschluss gefällt, ein weiteres Terminal Mitte sowie eine dritte Start- und

Flughafen Frankfurt/Main	
Eröffnet	1936
IATA-Code	FRA
Eigentümer	Hessen 31,58%, Stadtwerke Frankfurt 20,17%, Lufthansa 9,95%, Julius Bär Holding 10,35%, The Capital Group 1,89%, Artisan Partners 3,87%, Taube Hodson Stonex Partners Ltd. 3,01%, Morgan Stanley 2,96%, Arnhold and S. Bleichroeder Holdings Inc. 3,02%, Streubesitz 13,20%
Betreibergesellschaft	Fraport AG
Heimatfluggesellschaft	Deutsche Lufthansa
Geograph. Lage	50°02 '04"N, 8°34'17"O
Höhe über NN	100 m
Fläche	2.100 ha
Flughafenmitarbeiter	70.000
Passagiere	54.167.817
Flugbewegungen	492.569
Fracht	2.095.293
Start- und Landebahnen	07L CAT IIIb/25R CAT IIIb, 4.000 m 07R CAT IIIb/25L CAT IIIb, 4.000 m 18 CAT IIIb/36 CAT IIIb, 4.000 m (nur für Starts)
Terminals	2
Gates	140
Flugzeugparkpositionen	218
Betriebszeiten	24 h
Homepage	www.fraport.de (Betreiber) www.airportcity-frankfurt.de (Reise)

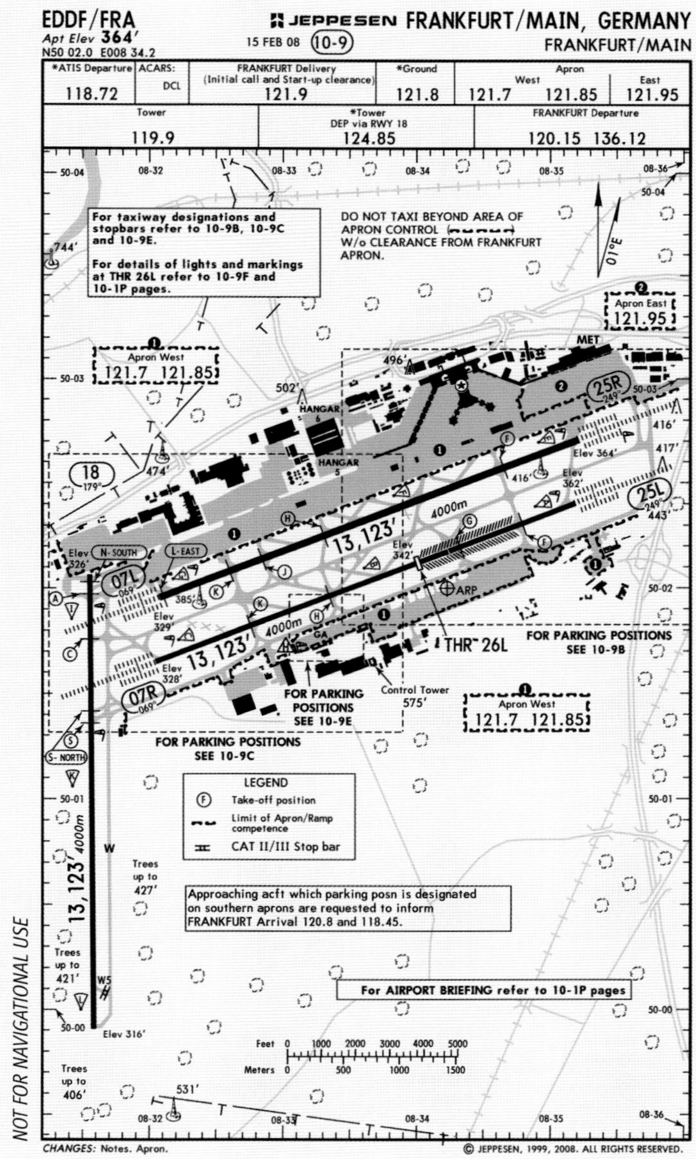

Landebahn zu bauen. Der Bau für Ersteres wurde 1965 aufgenommen, das Planfeststellungsverfahren für Letztere 1968 eingeleitet. Und während 1972 das neue Terminal Mitte, heute Terminal 1, eröffnet werden konnte – noch während der Bauarbeiten hatten hier Änderungen vorgenommen werden müssen, um das Gebäude an die Dimensionen des neuen Großraumflugzeugs Boeing 747 anzupassen –, ließen die Entscheidungen für die neue Runway auf sich warten. Erst Ende 1981 durfte der Frankfurter Flughafen mit dem Bau der heftig umstrittenen Startbahn West beginnen. Um dies zu verhindern, hatten sich Demonstranten mit der hessischen Bereitschaftspolizei wahre Gefechte geliefert, die neben zahllosen Verletzten auch zwei Todesopfer gefordert hatten.

Die Piste konnte 1984 endlich in Betrieb genommen werden. Etwas über ein Jahrzehnt später wurde Terminal 2 eröffnet, das an der Stelle des ersten Terminals Ost errichtet worden war. Erneut zehn Jahre später steuerte Frankfurt auf ein Déja-vu-Erlebnis zu, denn der weitere Ausbau der Airports wurde hart diskutiert und wuchs sich erneut zum Politikum aus: Die Pläne für die 2.800 Meter lange Landebahn Nordwest stießen auf Widerstand, wenn auch bei weitem nicht auf derart gewalttätige Proteste wie seinerzeit die gegen die Startbahn West. Die Gegner führten ihre Geschütze diesmal in Form von Gutachten auf, die vor allem den Standort der Piste nahe des Chemiewerks Ticona als ernst zu nehmende Gefahr für Leib und Leben der umliegenden Bevölkerung kritisierten. Das Werk wird nun in den Industriepark Höchst verlegt, ab 2011 soll die neue Piste in Betrieb genommen werden.

Eine weitere Auflage, nämlich ein Nachtflugverbot zwischen 23 Uhr und fünf Uhr morgens, wurde von der hessischen Landesregierung bereits gekippt: Nach Inbetriebnahme der Landebahn Nordwest dürfen in den genannten Nachtstunden 17 Flugbewegungen vorrangig von am Airport ansässigen Frachtfluggesellschaften durchgeführt werden. Als Begründung wurde zu Recht die internationale Bedeutung Frankfurts im Passagier- und Frachtflugverkehr genannt.

Allerdings rechnet alleine Homecarrier Lufthansa bis 2020 mit mindestens 41 nächtlichen Flugbewegungen; bis dahin soll auch das Passagieraufkommen auf über 88 Millionen Fluggäste jährlich angewachsen sein. Dies ist ein handfester Grund für den Ausbau von FRA, weshalb zusätzlich zum Bau der Landebahn Nordwest auch im Süden des Flughafenareals gegraben wird. Auf dem Gelände der einstigen US Air Base entsteht das künftige Terminal 3 für 25 Millionen Passagiere mit vier Piers, 75 Flugzeugpositionen und einem Bahnanschluss an die Terminals 1 und 2 sowie an den Fern- und den Regionalbahnhof. Der erste Bauabschnitt soll 2013/2014 in Betrieb gehen.

Davon unabhängig musste die Flughafenbetreiberin Fraport AG auch Sorge tragen, dass der Airport für den Einsatz des Airbus A380 gerüstet wird, der ab Sommer 2009 auch von der Lufthansa eingesetzt werden soll. Der erste Bauabschnitt der großen A380-Werft neben Terminal 3 wurde bereits 2008 beendet. Gleichzeitig wurde bei laufendem Flugbetrieb zwischen den Terminals 1 und 2 der sogenannte CD-Riegel mit weiteren A380-Gates fertig gestellt. In der westlichen Verlängerung von Terminal 1, das für die Lufthansa und ihre

Partnerfluggesellschaften reserviert ist, entsteht exklusiv für die Lufthansa bis 2011 der Flugsteig A0 für sechs Millionen Passagiere, an dem bis zu sieben Großraumflugzeuge (davon vier A380) oder elf Kurzstrecken-Jets gleichzeitig bedient werden können.

Das sind jedoch bei weitem nicht die einzigen Einrichtungen, die der Flughafen Frankfurt vorweisen kann. Denn immerhin verfügt er seit 2006, als in Deutschland die Fußball-Weltmeisterschaft ausgetragen wurde, auch über ein WM-Terminal, das in einem renovierten Gebäude auf der ehemaligen US Air Base eingerichtet worden war. Zudem gibt es ein eigenes First-Class-Terminal für die Premium-Passagiere der Lufthansa, die von dort aus mit Mercedes oder Porsche direkt zum Flugzeug gefahren werden.

Und wie es sich für einen Weltklasse-Flughafen gehört, verfügt FRA auch über eine vollautomatische Gepäckanlage, die noch heute ihresgleichen sucht, obschon sie bereits 1972 in Betrieb genommen worden war. Auf 67 Kilometern Gurtbahnen und Rollbändern werden jährlich knapp 39 Millionen Gepäckstücke verladen, und das bei einer Zuverlässigkeit von über 99 Prozent. Doch die Logistik wird in FRA ohnehin groß geschrieben. Immerhin zählt der Flughafen auch zu den größten Frachtumschlagplätzen der Welt, an dem jährlich über 2,1 Millionen Tonnen Luftfracht und -post bewegt werden.

Was in Frankfurt fehlt, ist wohl höchstens der Billigflugverkehr. Doch hier entschied man sich, die Drehscheibe ausschließlich den sogenannten Netzwerk-Carriern vorzubehalten und das Billigflugsegment auf den Flughafen Hahn auszulagern, der deshalb innerhalb weniger Jahre in die Top Ten der deutschen Verkehrsflughäfen hineinwuchs. Aber auch das zweite Lufthansa-Drehkreuz in München sorgt für Erleichterung in Frankfurt, da der Kranich dort zusätzliches Wachstum generieren kann, ohne seinen Heimatflughafen zu belasten. ■

In Terminal 2 starten neben dem einen oder anderen Exoten auch die Langstreckenflüge der Oneworld und SkyTeam-Allianzen in alle Welt.

Beijing Capital International Airport

Auf der Überholspur

Ebenso wie das Land China, das mittelfristig eine Spitzenstellung in der Weltwirtschaft anstrebt, befindet sich auch seine Hauptstadt Beijing auf der Überholspur. Und das äußert sich nicht zuletzt am größten Flughafen der Stadt (und des Landes), denn der Beijing Capital International Airport hat innerhalb eines halben Jahrzehnts den Sprung aus weitgehender Bedeutungslosigkeit in die Top Ten der Weltrangliste geschafft. Allein im Jahr 2004 hatte er um über 43 Prozent von 24 Millionen auf 35 Millionen Fluggäste zugelegt. 2005 waren es sechs Millionen Passagiere oder 17,5 Prozent mehr, 2006 war PEK erneut um 18,7 Prozent auf 48,6 Millionen Fluggäste gewachsen, und 2007 hatte er mit 53,7 Millionen Passagieren erstmals die 50-Millionen-Grenze gesprengt. Für 2008 rechneten die Betreiber des neuntgrößten Airports der Welt bereits mit 65 Millionen Passagieren, doch zu diesem Höhenflug sollten auch die Olympischen Sommerspiele beitragen. Auf das sportliche Großereignis waren alle Bau- und Verbesserungsmaßnahmen der letzten Jahre in Stadt und Land ausgerichtet. Denn seit der wirtschaftlichen Öffnung des Riesenreichs, die rund zwei Jahre nach dem Tod Mao Zedongs durch dessen Nachfolger Deng Xiaoping 1978 behutsam eingeleitet worden waren und zur sogenannten sozialistischen Marktwirtschaft geführt hatte, war der Wohlstand im Land unaufhaltsam gewachsen. Hinter dessen Entwicklung hinkte die der Infrastruktur stets her, auch wenn seit der Jahrtausendwende zigtausende Auto- und Eisenbahnkilometer gebaut worden sind.

Ebenso wenig konnte der Beijing Capital International Airport, der 1958 in Betrieb genommen worden war,

Das Terminal 3 am Flughafen von Beijing machte bereits Jahre vor seiner Entstehung Furore – zur Recht, betrachtet man den futuristischen Entwurf der Londoner Architekten von Foster & Partner, die auch dem kulturellen Erbe der chinesischen Hauptstadt Respekt zollten.

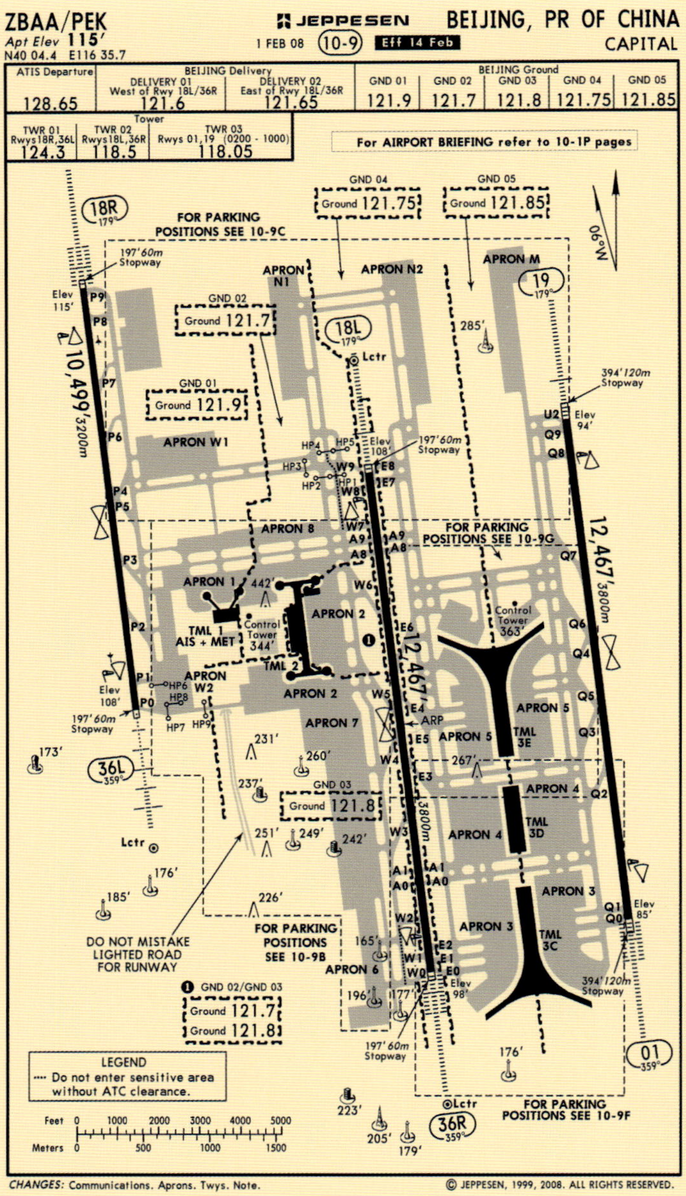

NOT FOR NAVIGATIONAL USE

Beijing Capital International Airport	
Eröffnet	1958
IATA-Code	PEK
Eigentümer	CAHC 65 %, ADP 6,59 %, Rest: Streubesitz
Betreibergesellschaft	BCIA
Heimatfluggesellschaft	Air China
Geograph. Lage	40°04'48"N, 116°35'04"O
Höhe über NN	35 m
Fläche	961 ha
Start- und Landebahnen	18R/36L, 3.200 m 18L/36R CAT II, 3.800 m 01/19, 3.800 m
Flughafenmitarbeiter	k. A.
Passagiere	53.736.923
Flugbewegungen	399.986
Fracht	1.191.048 t
Terminals	3
Gates	ca. 120
Flugzeugparkpositionen	k. A.
Betriebszeiten	24 h
Homepage	www.bcia.cn

Kunst oder Kitsch? Chinesische Symbolik ziert die riesige Abflughalle, die unter anderem nach den Prinzipien von Feng Shui gestaltet worden ist.

mit dem Luftverkehrswachstum Schritt halten, und das Gedränge, das noch Anfang 2008 in seinen Abfertigungseinrichtungen geherrscht hatte, ist nur schwer vorstellbar. Denn ausgelegt waren diese – das neuere, erst 1999 eingeweihte Terminal 2 sowie das ältere, aus dem Jahr 1980 stammende und grundrenovierte Terminal 1 – auf lediglich 36 Millionen jährliche Fluggäste!

Abhilfe schuf das neue Terminal 3 aus der Feder des Londoner Star-Architekten Sir Norman Foster, das als das größte überdachte Gebäude der Welt gilt. Es erstreckt sich über 986.000 Quadratmeter, besteht aus einem Hauptterminal (3C) sowie zwei Satelliten (3D und 3E) und hält Abfertigungskapazitäten für 50 Millionen Fluggäste bereit. Angelegt in Form zweier einander gegenüberliegender „Y", deren untere Schenkel sich berühren, sind die drei Teile des Abfertigungsgebäudes durch zwei Rollwege getrennt. Während Terminal 3C für Inlandsflüge vorgehalten wird, dienen 3E als internationales Abfertigungsgebäude und 3D zunächst als Olympia-Terminal für Charterflüge, um nach den Spielen ebenfalls internationale Verbindungen aufzunehmen. Die Form des Terminals aus der Vogelperspektive soll an die eines Drachen erinnern, die Farbgebung dagegen orientiert sich an den Rot- und Goldtönen, die in der Verboten Stadt dominieren; das Rot, in dem das Dach des über zwei Kilometer langen Abfertigungsgebäudes erstrahlt, bedeutet in China Glück.

Das drei Milliarden US-Dollar teure Bauwerk wurde in weniger als vier Jahren errichtet und Anfang 2008 in zwei Phasen in Betrieb genommen: Ende Februar wurde mit der Eröffnung der Probebetrieb gestartet, vier Wochen später war es betriebsbereit und konnte sukzessive von Air China sowie den Mitgliedern der Star Alliance und der Oneworld-Allianz bezogen werden.

Noch ist der Airport vor allem auf den nationalen Flugverkehr ausgerichtet. Über 80 Prozent der Passagiere stammen aus dem Origin-&-Destination-Verkehr; der Anteil der Umsteiger ist gering. Dementsprechend ist die mit Abstand größte Fluggesellschaft vor Ort Air China, die hier einen Marktanteil von 38 Prozent hält und PEK zu ihrem internationalen Drehkreuz ausbauen will.

Als Mitglied der Star Alliance wird ihr das vermutlich auch gelingen, zumal ihre Partnerfluggesellschaften für 43 Prozent der Passagiere, die alle ausländischen Fluggesellschaften vor Ort generieren, verantwortlich sind. Auf Air China folgen China Southern Airlines und China Eastern Airlines, die beide in Terminal 2 angesiedelt sind, sowie als Nummer vier die besonders farbenfrohe Hainan Airlines, deren Flüge vom Inlandsterminal 1 abgehen.

Kein Wunder, dass die absoluten Rennstrecken ab dem Hauptstadtflughafen denn auch die Inlandsrouten sind: Der Shuttle nach Schanghai führt vor den Diensten nach Guangzhou und Shenzhen, während die wichtigsten internationalen Dienste nach Hongkong, Seoul und Tokio führen. Doch Beijing verfügt mittlerweile auch über ein beachtliches Langstreckennetz, dessen Hauptziele neben Frankfurt, Paris Charles de Gaulle und London Heathrow in Europa vor allem Los Angeles, New York, San Francisco, Chicago und Vancouver sind. Zudem wird Beijing zunehmend mit einer weiteren Boomregion, dem Nahen Osten, verbunden.

Entsprechend dem ständig wachsenden Verkehrsaufkommen wurde auch die übrige Flughafeninfrastruktur verbessert. Südlich vom neuen Terminal 3 entstand ein neuer 98 Meter hoher Kontrollturm, jenseits von ihm und parallel zum existierenden Parallelpistenpaar wurde Ende 2007 auch die dritte, 3.800 mal 60 Meter messende Start- und Landebahn fertig gestellt, mit deren Hilfe die Kapazitäten des Pistensystems auf rund 620.000 Flugbewegungen pro Jahr gesteigert werden konnten. Dennoch sollte die Zahl der Flugbewegungen während der Olympischen Spiele auf täglich 1.350 begrenzt werden, um Staus auf dem Vorfeld zu vermeiden. Für den Bau der neuen Start- und Landebahn sowie des Terminals 3 mussten übrigens zigtausende von Flughafenanwohnern umgesiedelt werden.

Die drei Terminals werden durch Shuttle-Busse, die drei Segmente von Terminal 3 wiederum durch ein unterirdisches automatisches Personentransportsystem miteinander verbunden. Zudem wurde der Airport an das U-Bahnnetz der 25 Kilometer südwestlich liegenden Metropole angeschlossen – die Fahrt soll zwischen 15 und 20 Minuten dauern –, und er ist über vier Schnellstraßen erreichbar. Spätestens im Jahr 2015 soll der Flughafen von Beijing erneut seine Kapazitätsgrenzen erreichen, so sehen es die Prognosen voraus. Und wenn alles so abläuft, wie es sich die Flughafenbetreiber vorstellen, wird zu diesem Zeitpunkt ein zweiter internationaler Airport mit Kapazitäten von 70 Millionen Fluggästen zur Verfügung stehen. Mit dem Bau dieses Flughafens, der den bestehenden entlasten soll, wird vermutlich schon 2010 begonnen. ■

Das Terminal 2 stammt aus dem Jahr 1999, verfügt über 36 gebäudenahe Flugzeugpositionen und soll nun von Grund auf renoviert werden.

Am 5. Februar 2006 brach in Madrid-Barajas ein neues Zeitalter an: Das neue Terminal 4 wurde in Betrieb genommen, und die Fluggäste ebenso wie die Mitglieder der Oneworld-Allianz um Madrids Heimatfluggesellschaft Iberia konnten die Abfertigung an Spaniens größtem Flughafen endlich wieder genießen. Denn der alte Terminalkomplex, dessen Wurzeln bis in die 1970er-Jahre zurückreichen, ein kilometerlanger Gebäudeschlauch, der sich in T1 bis T3 unterteilt, war längst zu klein geworden und für die Wachstumsbestrebungen von Iberia eher hinderlich. Seither jedoch können die Fluggesellschaften vor Ort endlich wieder aus dem Vollen schöpfen, was sich deutlich an den Wachstumsraten zeigt: 2007 wuchs das Passagieraufkommen am zehntgrößten Airport der Welt erstmals wieder um 14 Prozent, nachdem sich die Steigerungsraten in den Jahren davor kontinuierlich um acht Prozent bewegt hatten. Zahlreiche neue Frequenzen von Iberia zeugen denn auch von der regen Nutzung der zusätzlichen Kapazitäten am Airport. Und so wer-

Madrid Barajas International Airport

Spaniens Tor in die Welt

den nicht nur die Ziele in Südamerika – traditionell wichtige Destinationen – ausgebaut, sondern auch neue Wege nach Asien beschritten. Ob Dubai, Damaskus, Mumbai, Delhi, Singapur, Schanghai, Beijing oder Bangkok, es gibt kaum noch einen weißen Fleck im Streckennetz ab MAD, so der IATA-Code des Flughafens. Die wichtigsten Destinationen liegen dennoch im Inland: Palma de Mallorca, Malaga, Las Palmas und selbstverständlich Barcelona. Die katalanische Stadt wird im viertelstündlichen Rhythmus angesteuert, und zwar nicht nur von Iberia im Shuttle, sondern auch von den beiden anderen Airlines, die Madrid ihren Heimatflughafen nennen, nämlich Air Europa und Spanair.

Der Barcelona-Shuttle, der am anderen Ende der Strecke sogar in einer eigenen Abflughalle abgefertigt wird, verlässt Madrid am neuen Terminal, wo ein eigener Check-in-Bereich vor den entsprechenden Gates am „bläulichen Ende" des 1,2 Kilometer langen, der Check-in-Halle vorgelagerten Piers reserviert ist. Die Farben der Deckenstreben des in Nord-Süd-Richtung ausgerichteten Gebäudes folgen nämlich den Spektralfarben von blau im Norden nach rot im Süden. Folgerichtig werden auch die Flüge je nach geographischer Lage des Zielorts an roten, orangefarbenen, grünen oder blauen Gates abfertigt. Ein bestechend einfaches Konzept, auf das aber am drei Kilometer entfernten Satelliten T4S verzichtet wurde. Dort werden fast ausschließlich die internationalen Flüge in die sogenannten Non-Schengen-Länder von Iberia und ihren Partnern der Oneworld-Allianz abgefertigt.

Terminal und Satellit verfügen über eine Jahreskapazität von 35 Millionen bzw. 15 Millionen Fluggästen sowie über 38 bzw. 26 Fingerpositionen. Die beiden Gebäude, die unter dem Kürzel NAT (New Terminal Building) zusammengefasst werden, sind im Zwei-Minuten-Takt über den automatischen „Passenger-Mover", der bis zu 20.000 Passagiere pro Stunde befördern kann, miteinander verbunden. Der Flughafen Madrid weist mit diesen Einrichtungen Kapazitäten für bis zu 70 Millionen Reisende pro Jahr auf.

Das sind Zahlen, von denen zu Beginn der spanischen Zivilluftfahrt noch niemand zu träumen wagte. Dennoch verfügte die Stadt Madrid bereits um 1920 mit

Links: Nur wenige Dörfer säumen den Airport, der von Anfang an weitab der dicht besiedelten Hauptstadtregion angelegt worden war. Allerdings wuchs die Stadt seither schon beträchtlich an ihren Airport heran.

Die Deckenstreben im Inneren von Terminal 1 sind an dessen nördlichem Ende tiefblau, nach Süden hin verfärben sie sich, um am anderen Ende leuchtend rot zu erstrahlen.

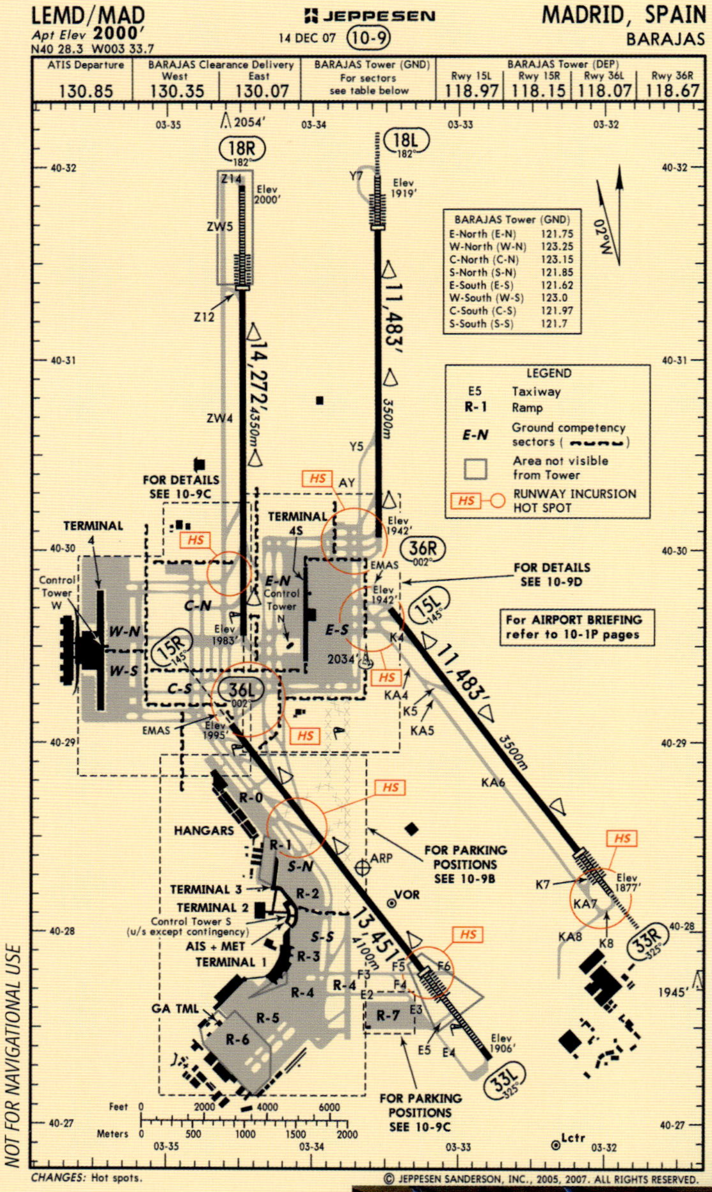

Madrid Barajas International Airport	
Eröffnet	1931
IATA-Code	MAD
Eigentümer	Aeropuertos Españoles y Navegacion Aerea (AENA)
Betreibergesellschaft	AENA
Heimatfluggesellschaft	Iberia
Geograph. Lage	40°28'20"N, 3°33'39"W
Höhe über NN	609,6 m
Fläche	2.400 ha
Start- und Landebahnen	18L CAT III/36R, 3.500 m 18R CAT III/36L, 4.350 m 15L/33R CAT III, 3.500 m 15R/33L CAT III, 4.100 m
Terminals	3
Gates	85
Flugzeugparkpositionen	148
Flughafenmitarbeiter	› 30.000
Passagiere	52.143.275
Flugbewegungen	483.284
Fracht	322.244 t
Betriebszeiten	24 h
Homepage	www.aena.es

Am nördlichen Ende von Terminal 3 starten die Flugzeuge des Barcelona-Shuttles. Iberia fliegt fast im 15-Minuten-Takt auf dieser Rennstrecke, die zu den meistfrequentierten Routen in ganz Europa gehört.

Getafe und Carabanchel über mehrere Flugplätze. In weiser Voraussicht entschieden sich die Stadtväter, noch einen weiteren Lufthafen mit reichlich Erweiterungsflächen für die Zukunft zu bauen. Die Wahl für den Standort des neuen internationalen Flughafens fiel auf ein etwa 500 Hektar großes Plateau nahe der Ortschaft Barajas, wo 1928 mit dem Bau begonnen wurde. Drei Jahre später folgte die Eröffnung, und Ende 1933 nahm Lineas Aereas Postales Españolas (LAPE) kommerzielle Dienste nach Barcelona auf.

Zunächst verfügte der Platz nur über ein kleines Terminal, mehrere Hangars und eine Graspiste; erst 1944 erhielt er eine richtige Start- und Landebahn aus Asphalt. In den fünfziger Jahren, als über eine halbe Million Fluggäste jährlich den Flughafen nutzten, standen bereits fünf Runways zur Verfügung, die jedoch mit Beginn des Jet-Zeitalters Anfang der sechziger Jahre den neuen Anforderungen an längere und breite Pisten weichen mussten. Es entstanden zwei sich kreuzende Bahnen sowie in den siebziger Jahren, als bereits rund zehn Millionen Fluggäste den Airport nutzten, ein neues internationales Passagierterminal, während das alte Abfertigungsgebäude für die Inlandsflüge rechtzeitig zur Fußball-WM von 1982 renoviert wurde. Gleichzeitig entspann sich eine Debatte über die Zukunft des Airports, dessen Ausbau in den neunziger Jahren nach dem sogenannten „Plan Barajas“ genehmigt wurde. So erhielt der Flughafen eine neue Start- und Landebahn 18L/36R, die 1998 in Betrieb genommen wurde und mit ihren Maßen von 4.360 mal 60 Metern die längste in Europa wurde. Selbst den Anforderungen eines Großraumflugzeugs wie dem Airbus A380 tut sie spielend Genüge, doch wurde die Piste weniger im Hinblick auf künftige Großraumgeräte konzipiert, sondern eher mit Rücksicht auf die geographischen Gegebenheiten des Flughafens. Bei einer Höhe von 609 Metern über dem Meeresspiegel und Temperaturen von weit über 30 Grad Celsius im Sommer benötigen die Flugzeuge eine längere Startrollstrecke. Gleichzeitig mit Eröffnung des neuen Terminalkomplexes wurde die vierte Piste 15L/33R in Betrieb genommen, so dass MAD nun über je zwei Parallelbahnen verfügt, die bei 120 Flugbewegungen pro Stunde den Simultanbetrieb erlauben.

Die alten Terminals waren durch die Inbetriebnahme von T4 und T4S zunächst verwaist, denn mit dem Umzug von Iberia wanderten gut 70 Prozent aller Passagiere ab. Vor allem die Geschäftsleute hatten Grund zur Klage, aber zumindest in Terminal 1, dem modernsten der drei alten Abfertigungsgebäude, hat sich die Lage entspannt, denn dort sind unter anderem die meisten Mitglieder der Star Alliance angesiedelt. Terminal 2 dagegen wird von den Partnern der SkyTeam-Allianz bevölkert, während Terminal 3 gerade noch von vier spanischen Regionalfluggesellschaften genutzt wird.

Kaum zu glauben, dass dieses wichtige Drehkreuz praktisch vor der Haustür seiner Stadt angesiedelt ist. Der Flughafen befindet sich nur zwölf Kilometer von Madrids Innenstadt entfernt, an die er seit 1998 per U-Bahn angeschlossen ist und die innerhalb von 20 Minuten zu erreichen ist. Eine Stichstrecke führt bis zum neuen Terminal 4, allerdings ist dieser Teil der U-Bahnfahrt zuschlagpflichtig.

Bis 2009 soll immerhin auch die Verbindung durch Cercanias Madrid, das Madrider Regionalbahnnetz, zwischen dem neuen Terminal und der spanischen Metropole geschaffen sein. Darüber hinaus gibt es im Zehnminutentakt zahlreiche Busverbindungen in die Stadt. ■

Auch außen am 1,2 Kilometer langen Pier, der Terminal 3 vorgelagert ist, zeigen die Spektralfarben die Himmelsrichtung an.

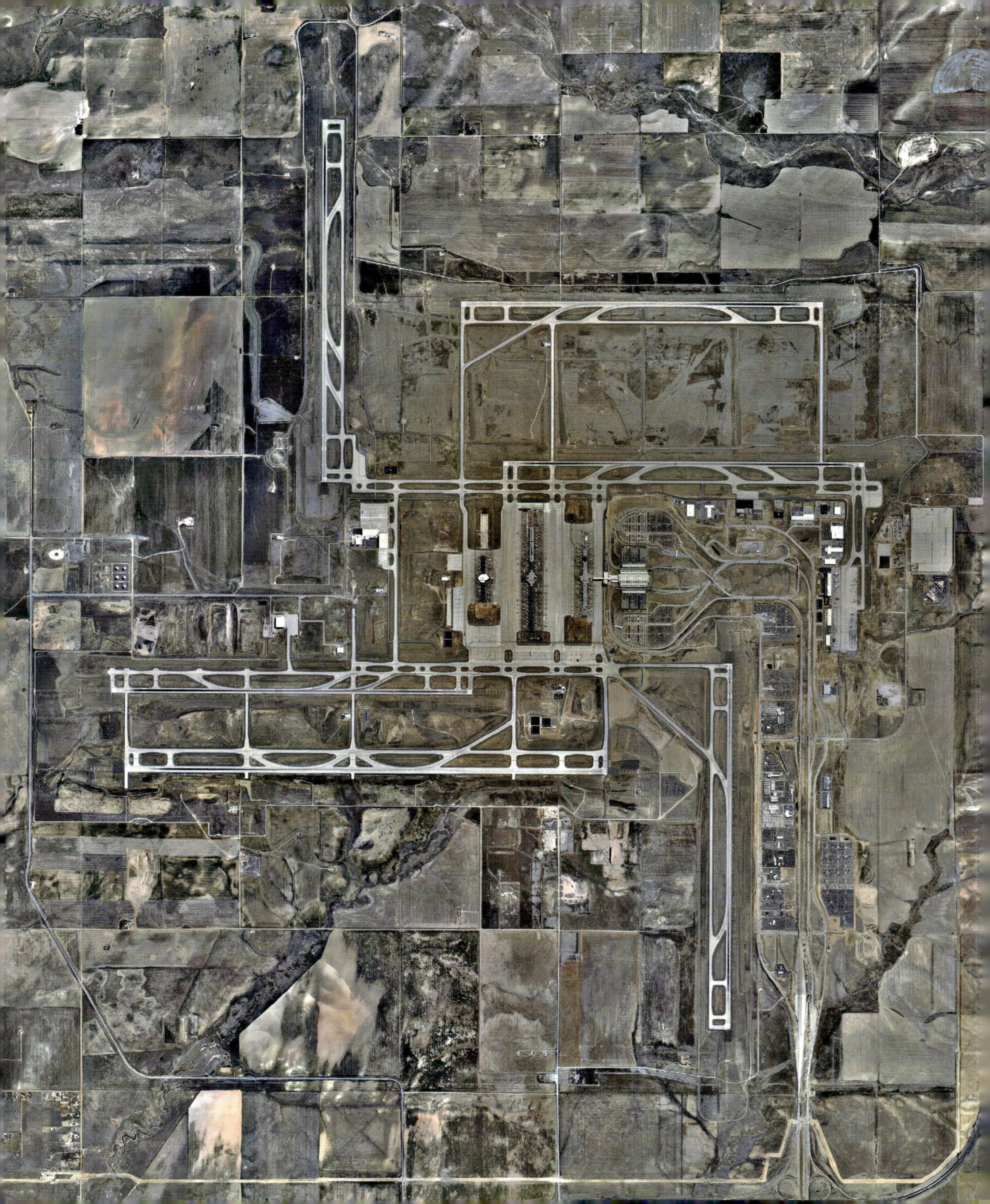

TOP 100 NO. 11

Denver International Airport

Flughafen mit Nebeneinkünften

Noch mehr als ein Jahrzehnt nachdem er in Betrieb genommen worden ist, hängt dem Flughafen von Denver nach, was seine Eröffnung zunächst verzögert und dann durch die Weltpresse gehen ließ: Das vollautomatische, computergesteuerte Gepäcksystem, das nie wirklich funktioniert hat und im Jahr 2005 endgültig aufgegeben wurde. Dabei wurde die Anlage, wegen der sich die Eröffnung des Airports vom 31. Oktober 1993 auf den 28. Februar 1995 verschoben hatte, ausschließlich von United Airlines und nur für abgehende Flüge aus Denver genutzt, während die Flughafenbetreiber für alle anderen Fluggesellschaften vom ersten Tag an auf eine bewährte Technologie in der Gepäckabfertigung gesetzt hatten.

Allerdings hält United mit einem Marktanteil von 33 Prozent unangefochten die Spitzenstellung am Airport im Herzen der Vereinigten Staaten, was dazu beigetragen haben mag, dass der Flopp mit der Gepäckanlage überhaupt erst weltweite Häme erzielen konnte.

Die Nummer zwei vor Ort ist auch die zweite Heimatfluggesellschaft in Denver, nämlich Frontier Airlines, die mit 22 Prozent vor der United-Tochter TED mit ihren fast acht Prozent liegt, während Southwest Airlines immerhin noch für runde fünf Prozent des Passagieraufkommens vor Ort verantwortlich zeichnet.

Internationaler Verkehr spielt am Denver International Airport kaum eine Rolle. Lufthansa fliegt nach Frankfurt und München, British Airways nach London, und natürlich bieten Air Canada und Mexicana diverse Frequenzen in das nördliche bzw. südliche Nachbarland an, doch damit erschöpfen sich die grenzüberschreitenden Flugverbindungen ab DEN, so der IATA-Code, auch schon. Dabei bemüht man sich aktiv vor allem um Dienste nach Asien; immerhin gab es vor Jahren bereits auch Flüge von Korean Airlines, die in Denver immerhin die Beifracht, auf dem Zwischenstopp in San Francisco dann das Gros der Passagiere aufgenommen hatten. Doch auch ohne die internationale Streckenvielfalt floriert der Airport, denn die rund drei Millionen Menschen im Großraum Denver sind auf den Luftverkehr angewiesen: In einem Radius von 500 Meilen rund um die Stadt gibt es nichts als Prärie auf der einen und Berge auf der anderen Seite. So entstammt denn auch etwas über die Hälfte der Passagiere, nämlich 57 Prozent, dem sogenannten „Origin-&-Destination"-Verkehr, dessen Fluggäste in Denver abfliegen oder ankommen.

Links: Die Piste 16R/34L (ganz links unten im Bild) ist mit einer Länge von 4.877 Metern eine der längsten, zivil genutzten Start- und Landebahnen der Welt.

Das Terminal wird überspannt von einem Dach, dessen Form sowohl an die Gipfel der Rocky Mountains als auch an die Zeltspitzen indianischer Tipis erinnert.

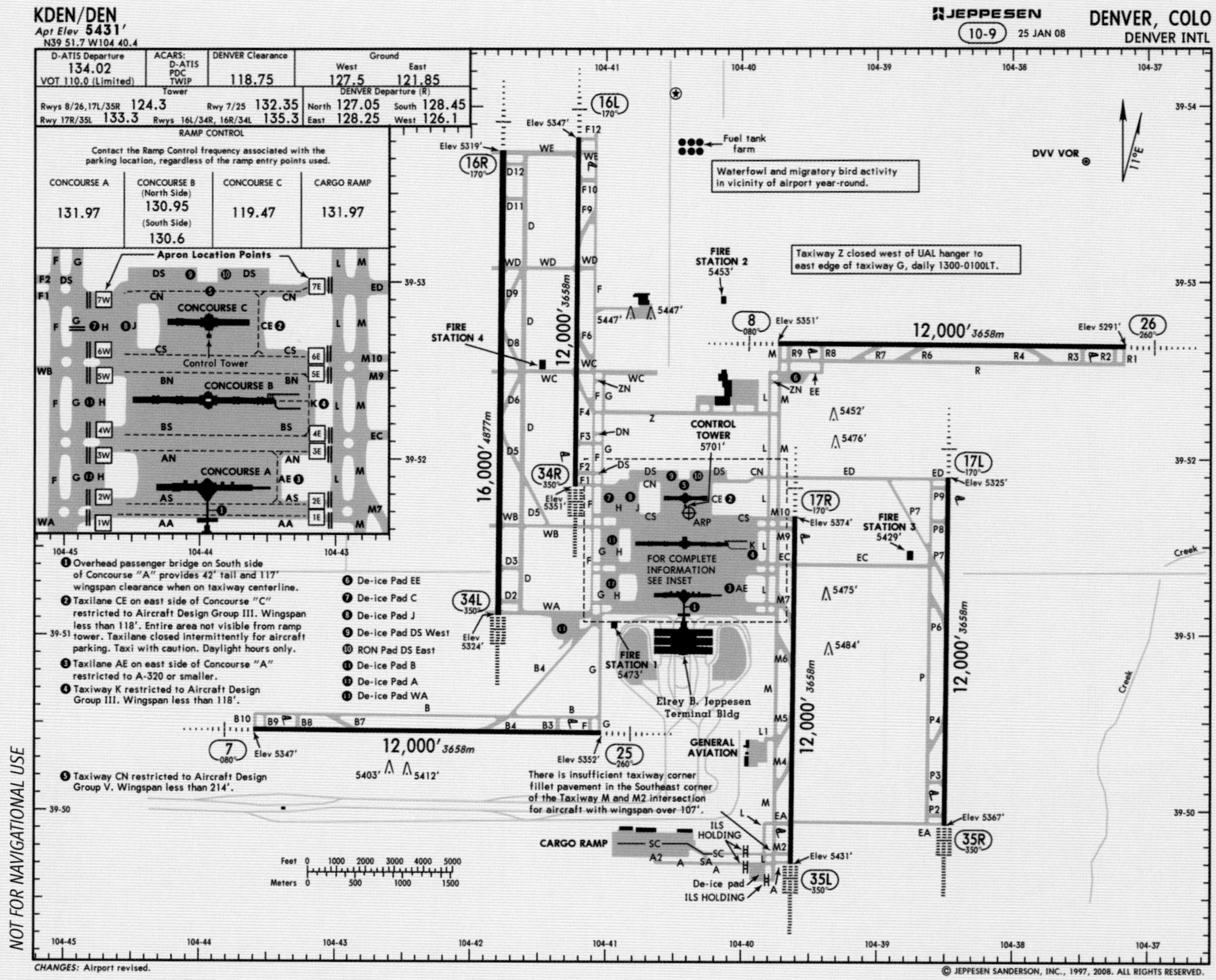

Denver International Airport

Eröffnet	1995
IATA-Code	DEN
Eigentümer	City and County of Denver
Betreibergesellschaft	City and County of Denver
Heimatfluggesellschaften	United Airlines, Frontier
Geograph. Lage	39°51'41"N, 104°40'23"W
Höhe über NN	1.655 m
Fläche	13.760 ha
Flughafenmitarbeiter	30.000
Passagiere	49.863.389
Flugbewegungen	614.169
Fracht	260.287 t

Start- und Landebahnen	17L CAT I/35R CAT III, 3.658 m 17R CAT I/35L CAT III, 3.658 m, 16L CAT I/34R CAT III, 3.658 m 16R CAT I/34L CAT III, 4.877 m, 07 CAT I/25 CAT I, 3.658 m 08 CAT I/26 CAT I, 3.658 m
Terminals	1
Gates	94
Flugzeugparkpositionen	55
Betriebszeiten	24 h
Homepage	www.flydenver.com

Dem nahen Gebirge verdankt die Stadt Denver ihr Wahrzeichen. Die berühmte Zeltdachkonstruktion des Jeppesen-Terminals mit seinen weißen Kuppeln ist den schneebedeckten Gipfeln der Rocky Mountains nachempfunden, die sich scharf am Horizont abzeichnen.

Weit weniger entfernt, aber dennoch winzig klein vom Flughafen aus gesehen, recken Öl- und Gasförderanlagen ihre diversen Türme und Kolben in die Luft, denn das Land, auf dem der Airport steht, bietet reichlich dieser Ressourcen, deren Förderung jedes Jahr einige Millionen Dollar zusätzlich einbringt. Dennoch setzt man in DEN eher auf regenerative Energien: Seit Februar 2008 erstreckt sich auf drei Hektar des Geländes ein Solarpark, der jährlich 3,5 Millionen Kilowattstunden Strom für den Airport produziert. Die Flughafenfahrzeuge werden sowohl mit Benzin als auch mit Gas betrieben, und alles, was durch die Gepäcktunnel rollt, läuft mit Strom, um Abgase zu vermeiden.

An Platz ist wahrlich kein Mangel am Flughafen Denver. Was nicht genutzt wird, ist an Farmer verpachtet, wobei DEN für die Finanzierung des Saatguts und die Bauern für dessen weitere Verwendung zuständig sind; der Erlös wird geteilt. Immerhin ist DEN der flächenmäßig größte zivile Airport in den Vereinigten Staaten; doppelt so groß wie Manhattan, bietet er neben den bereits erwähnten Aktivitäten Platz für sechs Start- und Landebahnen, zwischen denen das Jeppesen-Terminal samt seinen drei hintereinander angeordneten Satelliten, den Concourses A, B und C, liegt. Die wiederum sind mit dem zentralen Abfertigungsgebäude über einen unterirdischen People-Mover verbunden.

Der Airport wurde auf jährlich 50 Millionen Passagiere ausgelegt und war im Jahr 2007 fast zu 100 Prozent ausgelastet. Er wurde aber so konzipiert, dass er praktisch ohne Beeinträchtigung des laufenden Flugbetriebs erweitert werden kann. Die Satelliten beispielsweise können nach Westen und Osten mit zusätzlichen Gates versehen werden, darüber hinaus gibt es Platz für zwei weitere Satelliten D und E. Auch für ein zweites Terminal samt Piers sowie noch einmal sechs Start- und Landebahnen findet sich genügend Raum, und nach seinem Endausbau, der rein nach Bedarf erfolgen wird, soll DEN dann 300 Gates und Kapazitäten für bis zu 110 Millionen Fluggäste vorhalten.

Zunächst wird nur das bestehende Terminal, das nach dem Flugpionier Elrey Jeppesen benannt ist, nach Süden hin erweitert, um mehr Platz für Check-in-Schalter zu erhalten. Außerdem soll DEN auch ein Flughafenhotel sowie bis 2015 einen Regionalbahnanschluss an die rund 30 Kilometer entfernte Metropole erhalten. Denn bislang ist der Flughafen nur per PKW oder eben mit verschiedenen Buslinien zu erreichen. ■

Das lichtdurchflutete Jeppesen-Terminal wird in der Ankunfts- und Check-in-Ebene durch Wasserspiele gekühlt.

In Concourse A, der als einziger der drei Satelliten durch eine Fußgängerbrücke mit dem Terminal verbunden ist, werden alle internationalen Ankünfte abgewickelt, weshalb dort häufig Großraumgerät zu sehen ist.

TOP 100 NO. 12

New York John F. Kennedy International Airport

Übervolles Gateway

Was vor wenigen Jahren noch für Aufregung in Chicago O'Hare gesorgt hatte, erregt nun die Gemüter an der Ostküste. Denn die drei New Yorker Flughäfen, John F. Kennedy, Newark Liberty und der Inlandsflughafen LaGuardia, sind chronisch überfüllt. Durchschnittlich ein Drittel aller Flüge von und nach JFK beispielsweise sind verspätet, und damit sich das ändert, will die US-amerikanische Luftfahrtbehörde Federal Aviation Administration (FAA) die Zahl der Flugbewegungen drastisch reduzieren – auf 80 während des Tages und 81 zu den Tagesspitzenzeiten. In einem weiteren Schritt soll sogar ein Teil der Slots, also die Zeitfenster für einzelne Starts und Landungen, unter den Airlines versteigert werden. Vor allem Fluglinien, die an den New Yorker Flughäfen ihre Drehkreuze unterhalten wie Continental Airlines in Newark und American Airlines, Delta Air Lines oder JetBlue in JFK sehen dadurch ihre Wettbewerbsfähigkeit gefährdet und lehnen die Auktionspläne ab. Doch noch schädlicher für das Geschäft sind die Verzögerungen, die zu Stoßzeiten fast die Hälfte der Flüge beeinträchtigen und damit nicht nur zu langen Schlangen vor den Start- und Landebahnen führen, sondern sich auch auf den Flugverkehr in den gesamten Vereinigten Staaten auswirken: 75 Prozent aller Verspätungen auf den US-Flughäfen sollen ihren Ursprung in New York haben.

Sogar international sind die Folgen der Verstopfung im „Big Apple" noch spürbar, denn immerhin ist JFK für die meisten ausländischen Fluggäste die erste bzw. letzte Station in den Vereinigten Staaten. Rund 59.000 internationale Passagiere pro Tag, vorzugsweise unterwegs nach bzw. aus London, Paris, Frankfurt und Tokio, frequentierten JFK im Jahr 2007. Nahezu 100 Fluggesellschaften aus 50 Ländern fliegen den Kennedy Airport an; dazu kommen die zahlreichen Inlandsverbindungen, so dass der Flughafen im Jahr 2007 fast 48 Millionen Fluggäste verzeichnete. Alle drei Airports zusammen kamen auf gut 111 Millionen Passagiere, was weltweit nur durch die 125 Millionen Reisenden im Großraum London getoppt wurde.

Der Big Apple sorgt eben immer wieder für Schlagzeilen, und wenn es heute die Unpünktlichkeit ist, so war JFK noch in den 1990er-Jahren berühmt-berüchtigt ob seiner alten, ungepflegten Terminals und unfreundlichen Mitarbeiter. Gerade das zeigt, wie vergänglich auch die größten Probleme sind, denn die Betreiberin der drei New Yorker Flughäfen, die Port Authority of New York and New Jersey, hat seither zusammen mit den

Seite 66: JFK verfügt mit der Piste 13R/31L (ganz links senkrecht) über eine der längsten zivilen Runways der Welt.

Fast 100 internationale Fluggesellschaften aus aller Herren Länder nutzen JFK im regelmäßigen Liniendienst. Nicht umsonst empfängt der Airport mit die meisten internationalen Fluggäste in den USA.

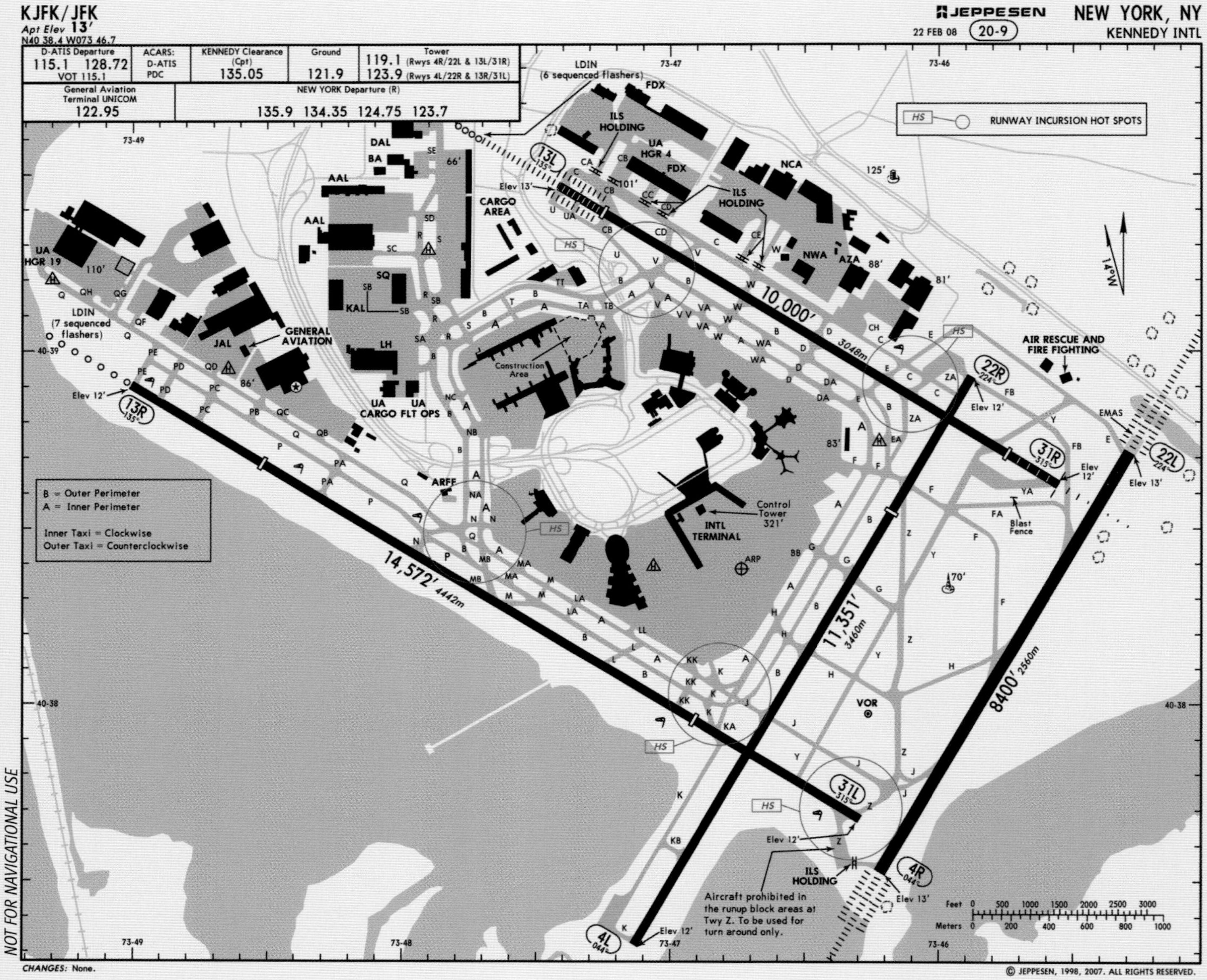

New York John F. Kennedy International Airport

Eröffnet	1942
IATA-Code	JFK
Eigentümer	Geleast von der Stadt New York
Betreibergesellschaft	Port Authority of New York and New Jersey
Größte Fluggesellschaften	JetBlue Airways, American Airlines
Geograph. Lage	40°38'28'N, 73°46'41" W
Höhe über NN	4,0 m
Fläche	1.995,11 ha
Terminals	8
Gates	ca. 140

Start- und Landebahnen	4L CAT I/22R CAT I, 3.460 m 4R CAT IIIb/22L CAT III, 2.560 m 13L CAT II/31L CAT I, 3.048 m 13R/31L CAT I, 4.442 m
Flugzeugparkpositionen	k. A.
Passagiere	47.810.630
Flugbewegungen	443.004
Fracht	1.595.577 t
Flughafenmitarbeiter	> 35.000
Betriebszeiten	24 h
Homepage	www.panynj.gov

großen Airlines vor Ort einen modernen Airport geschaffen, der ein adäquates Gateway zu dieser atemberaubenden Stadt und in die USA abgäbe – wären da nicht die Verspätungen.

Eröffnet worden war JFK 1948 als New York International Airport auf dem ehemaligen Gelände des Golfplatzes Idlewild. Dieser Name sollte noch lange als Synonym für den Flughafen gelten, und er sowie das dazu passende offizielle Kürzel IDL verschwanden erst im Jahr 1963: Vier Wochen nach der Ermordung von John F. Kennedy wurde der Airport nach dem US-Präsidenten benannt, zugleich wurde der IATA-Code zunächst in KIA (Kennedy International Airport) und 1968 in JFK abgeändert.

Seine ursprünglichen neun Terminals hatte der Airport in den Jahren von 1958 bis 1971 erhalten, darunter die drei berühmten Abfertigungsgebäude, die jeweils nach ihren Hauptnutzern benannt worden waren: Der „Worldport" von Pan Am, heute Terminal 3, ist aus dem Jahr 1962, das unter Denkmalschutz stehende „TWA Flight Center", heute Terminal 5 und Heimstatt von JetBlue, ging ebenfalls 1962 in Betrieb, während das „Sundrome" von National Airlines 1970 eröffnet wurde und heute als Terminal 6 ebenfalls von JetBlue genutzt wird. Im Jahr 2000 beschloss die Port Authority eine Grundüberholung des Airports für zehn Milliarden Dollar. Der zentrale Terminalkomplex (Central Terminal Area, CTA) besteht jetzt aus acht Abfertigungsgebäuden, die kaum mehr Ähnlichkeit mit den Zuständen noch vor einer Dekade aufweisen. Terminal 1, dessen ursprüngliches aus dem Jahr 1958 stammende Gebäude 1994 abgerissen worden war, war durch ein modernes und gemeinsam von Air France, Japan Airlines, Korean Air und Lufthansa errichtetes Terminal ersetzt und im Mai 1998 in Betrieb genommen worden, während Delta die Terminals zwei und drei renovierte. Neu errichtet wurde auch Terminal 4, eine Glas-Stahl-Konstruktion, die Abfertigungseinrichtungen für fast 50 Fluggesellschaften bereitstellt, und die Überholung von Terminal 7 konnte in Zusammenarbeit mit British Airways finanziert werden. Auf dem Gelände der Terminals 8 und 9 entstand für den größten Carrier vor Ort, American Airlines, das Mega-Terminal 8, das die beiden alten Gebäude ersetzte und in dessen drei Concourses getrennt Ankunft, Abflug und Verwaltung untergebracht sind.

Das Mega-Terminal 8 von American Airlines ersetzte die alten Terminals 8 und 9 und wurde schrittweise in Betrieb genommen.

JFK gehört jedoch nicht nur auf dem Passagiersektor zu den größten Airports der Welt, sondern auch im Frachtgeschäft. Rund ein Fünftel der in die USA eingeführten Luftfracht wird am größten der drei New Yorker Flughäfen umgeschlagen, und rund 100 Cargo-Airlines fliegen JFK an. Von der Zahl der Flugbewegungen liegt der Airport dennoch nur an 14. Stelle innerhalb der Vereinigten Staaten und auf dem 19. Platz weltweit, was am überwiegenden Einsatz von Großraumgerät in JFK liegt.

In gleichem Maße, in dem sich JFK vom Schrecken der Passagiere zu einem Weltklasseflughafen gemausert hat, verwandelte sich auch New York wieder in eine relativ sichere Stadt, deren Flughäfen bequem und sicher mit der U-Bahn zu erreichen sind. Mehrere Linien führen vom knapp 20 Kilometer entfernten Manhattan nach JFK, das über die sogenannte AirTrain, die auch die einzelnen Terminals miteinander verbindet, an das New Yorker U-Bahnnetz angeschlossen ist. ■

JetBlue Airways setzt hinter das unter Denkmalschutz stehende berühmte TWA Flight Center ein neues Terminal.

Rang	Stadt (Airport)	Passagiere	+/- % zu 2006
1	**ATLANTA** (ATL)	89.379.287	5,3
2	**CHICAGO O'Hare** (ORD)	76.159.324	-0,2
3	**LONDON Heathrow** (LHR)	68.068.554	0,8
4	**TOKYO Haneda** (HND)	66.671.435	1,3
5	**LOS ANGELES** (LAX)	61.895.548	1,4
6	**PARIS Charles de Gaulle** (CDG)	59.919.383	5,4
7	**DALLAS/FT WORTH** (DFW)	59.784.876	-0,7
8	**FRANKFURT** (FRA)	54.161.856	2,6
9	**BEIJING Capital** (PEK)	53.736.923	9,4
10	**MADRID Barajas** (MAD)	52.122.214	14,0
11	**DENVER** (DEN)	49.863.389	5,4
12	**NEW YORK** (JFK)	47.810.630	12,2
13	**AMSTERDAM** (AMS)	47.793.602	3,7
14	**LAS VEGAS** (LAS)	47.595.140	3,0
15	**HONGKONG** (HKG)	46.995.000	7,2
16	**HOUSTON** (IAH)	42.978.617	1,0
17	**PHOENIX** (PHX)	42.197.080	1,8
18	**BANGKOK** (BKK)	41.210.081	-3,7
19	**SINGAPUR** (SIN)	36.701.556	4,8
20	**NEW YORK Newark** (EWR)	36.391.911	1,8
21	**ORLANDO** (MCO)	36.385.300	5,0
22	**DETROIT** (DTW)	36.126.555	0,4
23	**SAN FRANCISCO** (SFO)	35.793.117	6,6
24	**TOKYO Narita** (NRT)	35.530.035	1,6
25	**LONDON Gatwick** (LGW)	35.218.399	3,1
26	**MINNEAPOLIS/ST PAUL** (MSP)	35.160.505	-1,3
27	**DUBAI** (DXB)	34.348.110	19,3
28	**MÜNCHEN** (MUC)	33.959.422	10,4
29	**MIAMI** (MIA)	33.740.416	3,7
30	**CHARLOTTE** (CLT)	33.383.812	12,4
31	**ROM Fiumicino** (FCO)	32.855.542	9,1
32	**BARCELONA** (BCN)	32.793.897	9,3
33	**SYDNEY** (SYD)	32.321.890	6,4
34	**PHILADELPHIA** (PHL)	32.207.709	1,4
35	**JAKARTA** (CGK)	31.986.621	3,6
36	**TORONTO** (YYZ)	31.495.977	1,7
37	**SEOUL Incheon** (ICN)	31.421.801	10,8
38	**SEATTLE/TACOMA** (SEA)	31.303.220	4,4
39	**GUANGZHOU** (CAN)	30.958.374	18,9
40	**SCHANGHAI Pudong** (PVG)	28.929.954	8,0
41	**BOSTON** (BOS)	28.088.855	1,3
42	**KUALA LUMPUR** (KUL)	26.533.988	10,2
43	**PARIS Orly** (ORY)	26.440.736	3,2
44	**MEXICO CITY** (MEX)	25.881.662	4,7
45	**ISTANBUL Atatürk** (IST)	25.561.357	9,9
46	**MUMBAI** (BOM)	25.236.400	18,1
47	**NEW YORK LaGuardia** (LGA)	24.940.818	-3,4
48	**WASHINGTON Dulles** (IAD)	24.494.999	7,4
49	**MAILAND Malpensa** (MXP)	23.885.305	9,7
50	**LONDON Stansted** (STN)	23.777. 194	0,4
51	**TAIPEH** (TPE)	23.425.794	2,5
52	**NEU-DELHI** (DEL)	23.332.539	20,4
53	**DUBLIN** (DUB)	23.289.417	9,9
54	**PALMA DE MALLORCA** (PMI)	23.223.963	3,7
55	**MELBOURNE** (MEL)	23.079.466	5,4
56	**FORT LAUDERDALE** (FLL)	22.681.903	6,1
57	**SCHANGHAI Hongqiao** (SHA)	22.632.962	17,0
58	**MANCHESTER** (MAN)	22.362.050	1,8
59	**SALT LAKE CITY** (SLC)	22.029.488	2,2
60	**BALTIMORE** (BWI)	21.497.555	1,5
61	**KOPENHAGEN** (CPH)	21.356.134	2,7
62	**ZÜRICH** (ZRH)	20.686.986	7,8
63	**SHENZHEN** (SZX)	20.619.167	13,2
64	**MANILA** (MNL)	20.467.627	14,1
65	**SAO PAULO Guarulhos** (GRU)	19.560.963	18,0
66	**JOHANNESBURG** (JNB)	19.441.670	12,1
67	**CHICAGO Midway** (MDW)	19.378.546	2,7
68	**TAMPA** (TPA)	19.154.957	1,5
69	**OSLO** (OSL)	19.044.011	7,8
70	**WIEN** (VIE)	18.768.468	11,3
71	**MOSKAU Domodedowo** (DME)	18.755.098	22,0
72	**WASHINGTON National** (DCA)	18.670.924	0,7
73	**CHENGDU** (CTU)	18.586.847	14,2
74	**SAPPORO** (CTS)	18.361.366	-0,2
75	**BRISBANE** (BNE)	18.351.164	7,4
76	**SAN DIEGO** (SAN)	18.326.761	4,8
77	**STOCKHOLM** (ARN)	17.968.023	1,7
78	**FUKUOKA** (FUK)	17.902.375	-1,7
79	**BRÜSSEL** (BRU)	17.838.689	7,0
80	**DÜSSELDORF** (DUS)	17.831.248	7,5
81	**ANTALYA** (AYT)	17.792.800	20,5
82	**VANCOUVER** (YVR)	17.784.886	3,4
83	**OSAKA** (KIX)	16.592.427	-0,1
84	**ATHEN** (ATH)	16.522.680	9,7
85	**OSAKA** (ITM)	16.238.669	-4,8
86	**CINCINNATI** (CVG)	15.734.322	-3,1
87	**KUNMING** (KMG)	15.729.171	8,9
88	**ST LOUIS** (STL)	15.366.198	0,5
89	**SAO PAULO Conhongas** (CGH)	15.250.058	-17,4
90	**NAHA** (OKA)	14.951.345	5,5
91	**PORTLAND** (PDX)	14.654.222	4,3
92	**OAKLAND** (OAK)	14.611.287	1,2
93	**MOSKAU Scheremetjewo** (SVO)	14.039.843	10,0
94	**SEOUL Gimpo** (GMP)	13.811.294	0,3
95	**MALAGA** (AGP)	13.576.080	4,0
96	**LISSABON** (LIS)	13.392.131	8,8
97	**BERLIN Tegel** (TXL)	13.357.741	13,1
98	**HELSINKI** (HEL)	12.956.754	6,7
99	**HAMBURG** (HAM)	12.780.504	6,9
100	**KAIRO** (CAI)	12.505.800	16,4

Die Top ACI-Flughäfen 13 bis 100

TOP 100 NO. 13

Amsterdam
steht von den Passagierzahlen in Europa an fünfter Stelle. Er ist der Heimatflughafen von KLM und bietet beste Verbindungen in die USA.

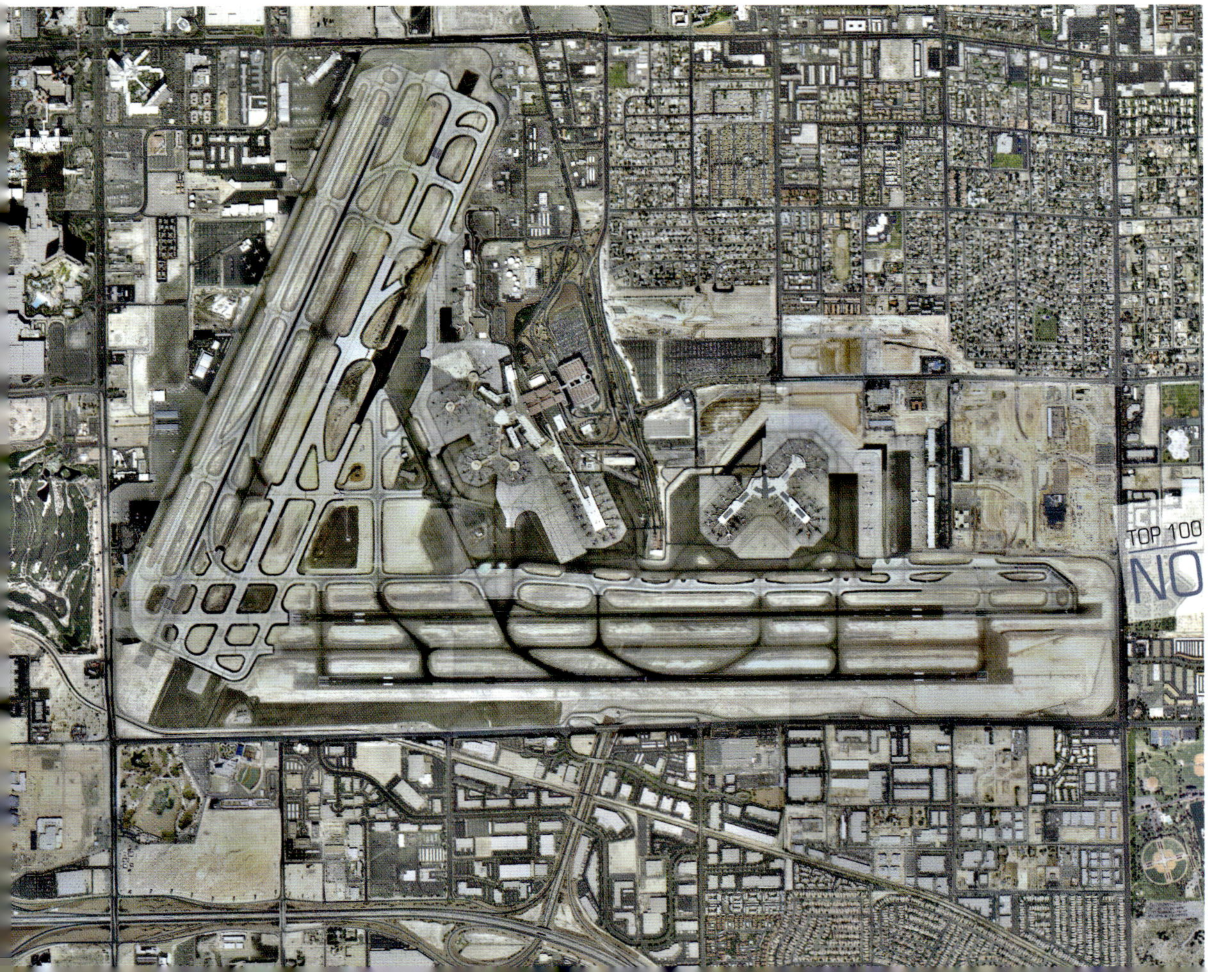

TOP 100 NO. 14

Las Vegas
Der McCarran Airport liegt inmitten der Spielerstadt. Wer hier an- oder abfliegt, kann bereits am Gate zocken.

Hongkong

Erst 1998 hatte der auf einer künstlich aufgeschütteten Insel gebaute Flughafen Chek Lap Kok den berühmten Hongkonger Flughafen Kai Tak abgelöst.

Houston

Bush Intercontinental ist der Heimatflughafen von Continental Airlines.

Singapur

Singapore Changi, der Hub im südostasiatischen Zwergstaat, gilt als der beste Flughafen der Welt.

Bangkok

2006 erst wurde der Suvarnabhumi Airport in Betrieb genommen; der Umzug vom alten Flughafen Don Muang erfolgte über Nacht.

Phoenix

Bis zum Jahr 2015 rechnen die Betreiber mit 50 Millionen Fluggästen am Sky Harbor Airport.

Orlando

Der Airport ist das Gateway zu den drei größten Attraktionen in Florida: Walt Disney World, Sea World und das Kennedy Space Center.

San Francisco

Eingequetscht zwischen Ozean und Stadt, gibt es für den Airport an der Golden Gate Bridge keinen Platz mehr, um zu wachsen.

Tokyo Narita

1978 war der Airport zur Entlastung von Haneda weitab von Tokio auf der grünen Wiese errichtet worden.

TOP 100
NO. 23

TOP 100 NO.27

Dubai

Innerhalb von nur vier Jahren rutschte Dubai International von Weltrang 44 auf 27 – den Unterschied machen knapp 13 Millionen Passagiere mehr aus.

Miami

Der Airport in Südflorida ist das Gateway nach Südamerika – und seine Stadt ein traumhaftes Einkaufsziel für Schnäppchenjäger.

TOP 100 NO.29

Barcelona

Der zweitgrößte spanische Flughafen weist ein beachtliches Langstreckennetz auf der einen und zahlreiche Billigflüge auf der anderen Seite auf.

Sydney

Der Flughafen der australischen Metropole ist einer der ältesten der Welt: 1920 schon wurde er als Mascot Aerodrome eröffnet.

Seoul
Incheon hat im März 2001 den internationalen Flugbetrieb vom alten Stadtflughafen Gimpo übernommen.

New York LaGuardia
Am drittgrößten Airport im Big Apple dürfen fast nur Flüge abgefertigt werden, deren Länge 2.400 Kilometer nicht übersteigt.

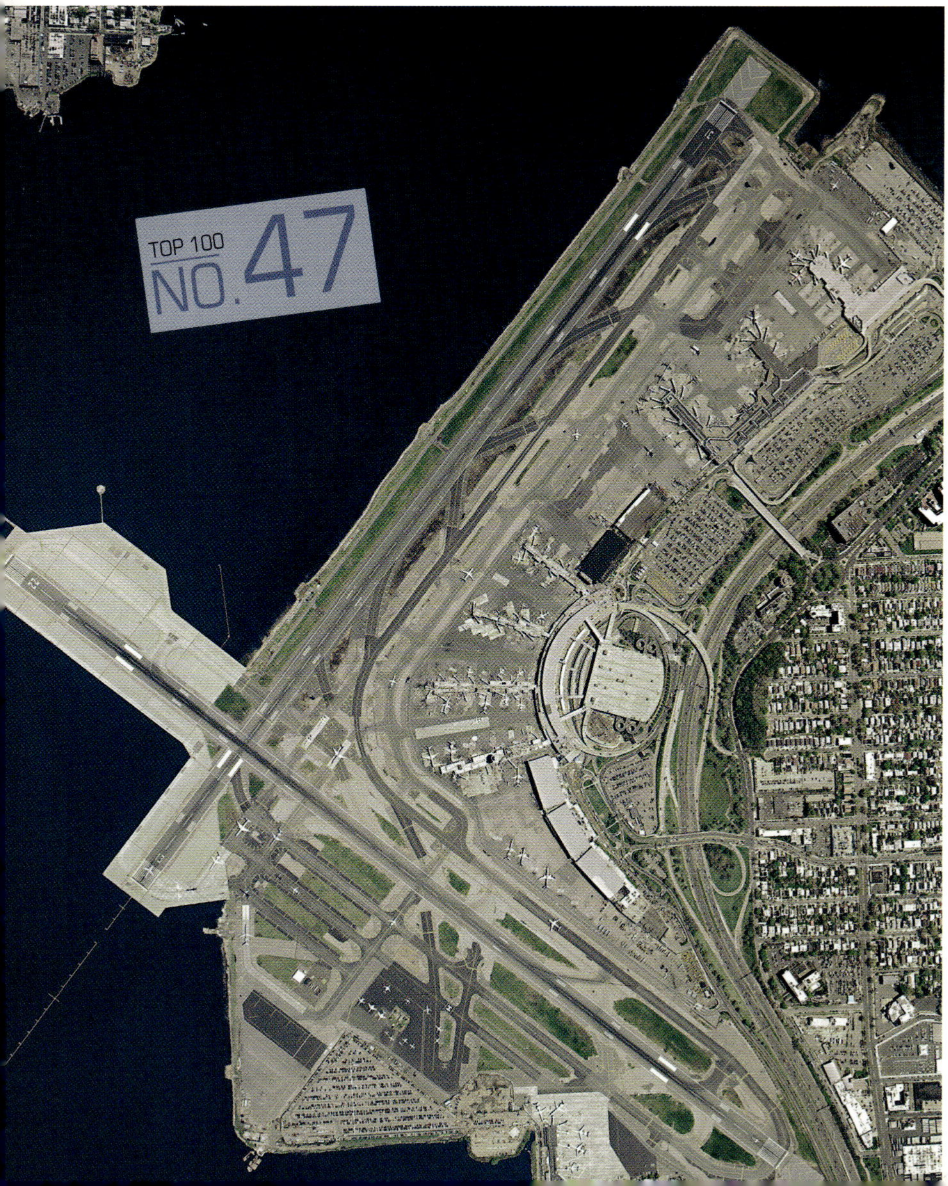

Washington National
Der Reagan National Airport befindet sich fast in Sichtweite von Kapitol und Pentagon.

Washington Dulles
Das Terminal des internationalen Flughafens der US-Hauptstadt war von Anfang an auf Expansion ausgelegt.

TOP 100
NO. 72

Athen

Der Flughafen Eleftherios Venizelos wurde als größtes Bauprojekt der neueren griechischen Geschichte von einem deutschen Konsortium um Hochtief AirPort geplant und gebaut.

Düsseldorf
ist nicht nur Drehkreuz von LTU bzw. Air Berlin, sondern auch der drittgrößte deutsche Flughafen.

Vancouver
weist als Brückenkopf zwischen der amerikanischen Westküste und Asien die meisten Transpazifikflüge ab dem Nordwesten des Kontinents auf.

St. Louis

Der Lambert Airport zählte einst als Hub von TWA zu den ganz großen. Nach der Übernahme seiner Heimatfluggesellschaft durch American Airlines im Jahr 2001 ging es bergab.

Lissabon

Der Airport platzt aus allen Nähten und soll im nächsten Jahrzehnt ersetzt werden.

ISO 9001:2000 CERTIFIED
JET AIRWAYS
Simplifly DECCAN
AIRBUS A320
VT-DNY

Indien

Das Land der 500 Flughäfen

Das Inlandsterminal 1B am Chhatrapati Shivaji International Airport von Mumbai, das von zahlreichen indischen Fluggesellschaften (außer Air India/Indian Airlines) genutzt wird, wurde erst 2006 renoviert. Dennoch ist es bereits wieder hoffnungslos überfüllt – sowohl innen, was sich durch endlose Schlangen bei Check-in und Sicherheitskontrollen bemerkbar macht, als auch auf dem Vorfeld, wo die Flugzeuge dicht an dicht stehen.

Incredible India. Mit diesem Slogan wirbt der Subkontinent im Ausland um Besucher, und genau so dürfte jeder Nicht-Inder diesen Moloch erleben: Incredible, nämlich unglaublich, im positiven wie im negativen Sinne. Über 1,1 Milliarden Menschen leben dort, ein großer Teil in tiefster Armut, ein kleiner Teil in höchstem Reichtum, und rund 300 Millionen bis 400 Millionen Menschen bilden eine Mittelschicht, die zunehmend mobil wird. Bester Beweis dafür ist der Luftverkehr, der derzeit jährlich um 25 Prozent zulegt. So verkündete das Ministerium für Zivilluftfahrt, dass die Zahl der Flugbewegungen an den indischen Airports von 636.947 im Jahr 2002/2003 auf 1.007.593 im Jahr 2006/2007 gestiegen ist und 2009/2010 vermutlich mehr als 1,4 Millionen erreichen wird. Die Zahl der beförderten Passagiere wuchs im gleichen Zeitraum von 48,69 Millionen auf 96,40 Millionen; bis 2009/2010 rechnet das Ministerium mit 144,76 Millionen Fluggästen auf dem Subkontinent. In gleichem Maße, in dem die Nachfrage steigt, rüsten natürlich auch die Fluggesellschaften auf; Air India, Jet Airways oder Kingfisher Airlines erhalten im Schnitt zwei Neuflugzeuge pro Monat. Insgesamt gab es 2007/2008 rund 330 Verkehrsflugzeuge im gesamten Land, über 400 hatten die großen Fluggesellschaften bei den Herstellern zusätzlich bestellt. Dazu kommt das Aufkommen, das die ausländischen – europäischen und amerikanischen – Airlines generieren: Sie sorgen immerhin für rund 60 Prozent des Luftverkehrs von und nach Indien, ein Zustand, den die einheimischen Fluggesellschaften allerdings zu ihren Gunsten ändern wollen.

Allerdings wächst die Infrastruktur bei weitem nicht so schnell mit wie es erforderlich wäre, um einen ungestörten Flugbetrieb zu gewährleisten. Auf der einen

Die zehn größten Flughäfen in Indien im Jahr 2007

Rang	Stadt (Airport)	Passagiere	%*	Stadt (Airport)	Fracht (Tonnen)	%*	Stadt (Airport)	Flugbewegung	%*
1	MUMBAI (BOM)	25.236.400	18,1	MUMBAI (BOM)	536.432	12,1	MUMBAI (BOM)	236.620	14,8
2	NEU-DELHI (DEL)	23.332.539	20,4	NEU-DELHI (DEL)	432.961	8,7	NEU-DELHI (DEL)	225.510	17,2
3	MADRAS (MAA)	10.402.341	22,7	MADRAS (MAA)	267.042	14,3	BANGALORE (BLR)	123.143	25,3
4	BANGALORE (BLR)	9.923.707	33,7	BANGALORE (BLR)	174.827	6,6	MADRAS (MAA)	121.044	17,2
5	KOLKATA (CCU)	7.219.055	28,1	KOLKATA (CCU)	93.719	12,2	HYDERABAD (HYD)	91.374	17,0
6	HYDERABAD (HYD)	6.784.177	26,3	HYDERABAD (HYD)	50.835	15,6	KOLKATA (CCU)	78.532	17,7
7	COCHIN (COK)	3.162.227	32,2	TRIVANDRUM (TRV)	32.072	1,7	AHMEDABAD (AMD)	39.285	35,4
8	AHMEDABAD (AMD)	3.037.723	27,9	COCHIN (COK)	25.276	8,7	COCHIN (COK)	36.996	29,9
9	GOA (GOI)	2.528.271	23,5	AHMEDABAD (AMD)	24.165	21,9	GUWAHATI (GAU)	29.183	23,1
10	TRIVANDRUM (TRV)	2.054.500	24,2	KOZHIKODE (CCJ)	9.656	15,3	JAIPUR (JAI)	24.424	43,0

*prozentuale Änderung zum Vorjahr. Quelle: ACI

Rechts: Der Chhatrapati Shivaji International Airport in Mumbai ist umzingelt von Slums, die nun umgesiedelt werden müssen.

Bis zum Jahr 2010 soll der Flughafen von Neu-Delhi ein neues Terminal 3 für bis zu 35 Millionen Fluggäste pro Jahr erhalten.

Seite nämlich gibt es nicht genügend einheimische erfahrene Piloten, so dass die Airlines ausländische Besatzungen, sogenannte Expatriots, einkaufen müssen, auf der anderen hinkt die Flugsicherung hinter dem so plötzlich anschwellenden Luftverkehrsaufkommen her. Auch hier gibt es zu wenig qualifiziertes Personal, zudem sind zahlreiche Verfahren, beispielsweise die Staffelung der Flüge, die simultane Nutzung der Start- und Landebahnsysteme, das Procedere beim Wechsel der aktiven Runway etc. noch nicht effizient genug, um dem Aufkommen gerecht zu werden, so dass Verspätungen im indischen Luftverkehr gang und gäbe sind. Genauso wenig vorbereitet auf das schnelle Verkehrswachstum sind die Flughäfen selber. Deren Infrastrukturen sind nahezu auf dem Stand der 1990er-Jahre stehen geblieben, und so waren von den insgesamt 449 Flughäfen in Indien im Jahr 2008 nur 80 voll ausgerüstet und funktionstüchtig, um Linien- und Charterverkehr aufzunehmen. Die restlichen 369 Landeplätze sind begrenzt nutzbar; von ihnen werden 156 für militärische oder Regierungsflüge genutzt, 63 befinden sich in privater Hand und die übrigen weisen nur mehr eine rudimentäre Infrastruktur beispielsweise in Form unbefestigter kurzer Pisten auf.

Allerdings wird das Gros des indischen Luftverkehrs auf gerade einmal 60 Airports abgewickelt, 94 Prozent gar nur auf 24 internationalen und Regionalflughäfen. Daher hat die indische Regierung in den vergangenen Jahren zahlreiche Gesetzesänderungen und Maßnahmenkataloge verabschiedet, um den drohenden Kollaps in ihrer Luftfahrt abzuwenden. Das oberste Ziel lautet, bis zum Jahr 2020 über 500 voll nutzbare Flughäfen im Land zu verfügen, und ein derartiges Vorhaben kann nur mit Hilfe privater Investoren erfolgen. Die Pläne der indischen Regierung zum Ausbau der Flughafeninfrastrukturen fußen auf drei Säulen. Zunächst sollen die Airports in den Metropolen – Delhi, Mumbai, Kolkata und Chennai – ausgebaut werden. Dann steht die Modernisierung von 35 sogenannten Non-Metro-

PIA
Gilgit
The Silk Route

In Kolkata entsteht bis 2010 ein neues Terminal mit 15 Kontaktgates für 20 Millionen Fluggäste pro Jahr.

Airports jenseits der großen Metropolen auf dem Programm, und in einem dritten Schritt ist der Bau von 25 Low-Cost-Flughäfen geplant. Der Investitionsbedarf wird auf mindestens 30 Milliarden US-Dollar geschätzt.

Zahlreiche Projekte sind inzwischen angelaufen. So wurden die Konzessionen zum Betrieb und Ausbau der beiden größten Airports des Landes, des Indira Ghandi International Airports (DEL) in Neu-Delhi und des Chhatrapati Shivaji International Airports (BOM) in Mumbai an zwei Konsortien – die Delhi International Airport Ltd (DIAL) um die indische GMR-Gruppe und die Fraport AG sowie die Mumbai International Airport Ltd (MIAL), bestehend aus GVK Industries Ltd. (GVK) und Airports Company South Africa (ACSA) – vergeben.

In Delhi soll die erste Erweiterungsphase durch den Bau eines neuen Terminals 3 für 35 Millionen Fluggäste sowie einer dritten, 4.400 Meter langen Runway bis 2010 abgeschlossen werden. Danach werden das bestehende Terminal 1 in ein Abfertigungsgebäude für Billigfluggesellschaften umfunktioniert sowie eine vierte Runway gebaut. Bis 2026 soll der Hauptstadtflughafen in mehreren Bauphasen erweitert werden, um schließlich Kapazitäten für 100 Millionen Fluggäste zu schaffen. Gleichzeitig soll bis 2012 in Greater Noida rund 70 Kilometer von Delhi und 120 Kilometer von Agra entfernt ein zweiter Airport, der Taj International Aviation Hub, für die Hauptstadtregion entstehen, dessen Kosten (noch) auf über 860 Millionen US-Dollar veranschlagt werden.

Für den Großraum Mumbai sehen die Pläne ähnlich aus. Dort entsteht, ebenfalls bis 2010, aus den bisherigen nationalen und internationalen Terminals ein großes Abfertigungsgebäude für 40 Millionen Fluggäste jährlich, allerdings gibt es hier bereits Probleme: Der Erwerb von Bauland in der Nähe der Start- und Landebahnen erweist sich als schwierig, da der Airport von Slums umringt ist und sich die Umsiedlung der Anwohner verzögert. Gut 20 Kilometer vom Airport entfernt nahe der Satellitenstadt Navi Mumbi soll, auch hier bis 2012, ein komplett neuer Flughafen für zunächst zehn Millionen Passagiere pro Jahr entstehen, der in seiner Endausbauphase im Jahr 2030 auf 40 Millionen Reisende ausgelegt sein soll.

Die Projekte in Chennai und Kolkata umfassen jeweils die Erweiterung der Terminals sowie die Verlängerung der Runways, um die Abfertigungskapazitäten jeweils auf 20 Millionen Fluggäste pro Jahr bis 2012/13 zu verdoppeln bzw. in Kolkata bis 2015/2016 zu ver-

Noch verfügt der neue Bengaluru International Airport nur über eine Runway, doch in weiteren Ausbauschritten soll er auch eine zweite Bahn erhalten; vermutlich um 2013/2014, wenn dort 18 Millionen Fluggäste erwartet werden.

dreifachen. In Hyderabad hingegen ging im April 2008 bereits ein komplett neuer Flughafen für zwölf Millionen Fluggäste in Betrieb, rund vier Wochen später öffnete auch der neue Bengaluru International Airport, der ebenfalls auf zwölf Millionen Passagiere jährlich ausgelegt ist, seine Pforten.

Die Modernisierung der 35 Regionalflughäfen soll ebenfalls mit Hilfe privater Investoren umgesetzt werden, allerdings mit der Einschränkung, dass diese nur für die Entwicklung der landseitigen Infrastruktur zuständig sein werden, während die luftseitigen Einrichtungen wie Runwaysysteme und Terminals der indischen Flughafenbehörde Airports Authority of India (AAI) obliegen. Hier soll eine Art Muster angewendet werden, nach dem beispielsweise die Pisten eine Mindestlänge von 2.286 Metern aufweisen, um den Betrieb von Kurz- und Mittelstreckenflugzeugen wie Airbus A320 oder Boeing 737 zu gewährleisten. Auch hier sollen die anstehenden Baumaßnahmen bis spätestens 2010 abgeschlossen sein. ■

Erst im Frühjahr 2008 war der alte Bangalore International Airport vom neuen Airport abgelöst worden – eine Wohltat vermutlich sowohl für die Mitarbeiter als auch für die Passagiere.

B-5118
SHANDONG AIRLINES
BOEING 737-800

CHINA

Das Recht auf einen Airport

Von den 1,3 Milliarden Chinesen leben rund 61 Prozent innerhalb eines Radius von 100 Kilometer rund um einen oder 90 Autominuten entfernt von einem Flughafen. Das, so die Meinung der chinesischen Behörde für Zivilluftfahrt General Administration of Civil Aviation of China (CAAC), ist entschieden zu wenig für die Menschen im Reich der Mitte. In ihrem jüngsten Entwicklungsplan legte sie denn auch fest, dass bis zum Jahr 2020 82 Prozent aller Bürger der Volksrepublik in jenem definierten Kreis rund um einen Airport wohnen sollen. Und das bedingt den Bau von 97 zusätzlichen Flughäfen, wofür umgerechnet über 64 Milliarden US-Dollar veranschlagt wurden. Denn die chinesische Zivilluftfahrt wächst zwar nicht ganz so aufregend wie die in Indien, wird aber in den nächsten Jahren, so die Prognosen, um durchschnittlich elf bis 14 Prozent per annum zulegen.

2008 verfügte das Land über 147 Airports, bis 2010 sollen es schon 190 und bis 2020 schlussendlich 244 sein, von denen dann 13 über 30 Millionen Fluggäste jährlich abfertigen sollen. Die neuen Flughäfen werden in fünf Regionen entstehen; als solche werden sie auch fünf unterschiedlichen Gruppen mit verschiedenen Aufgaben angehören.

So werden im Norden und Nordosten zusätzlich zu den 30 bestehenden 24 neue Airports gebaut. Der Beijing Capital International Airport wird als internationaler Hub und alle 54 Flughäfen dieser Region zusammen werden der Verbindung nach ganz Nordostasien dienen. Unweit der Hauptstadt Beijing entsteht beispielsweise am Tianjin Airport ein Frachtdrehkreuz, an

Der Guilin Liangjiang International Airport ist einer von 25 bestehenden Flughäfen in Süd- und Zentralchina. In den nächsten Jahren sollen dort 14 weitere Airports gebaut werden.

Seite 92: Der ostchinesische Mega-Airport Schanghai Pudong wurde erst 1999 eröffnet, doch 2008 wurde bereits die zweite Ausbaustufe abgeschlossen, die ihm Kapazitäten für 60 Millionen jährliche Passagiere verlieh.

Seite 93: Der Airport von Guilin, der auf vier Millionen Fluggäste ausgelegt ist und über eine 2.800 Meter lange Piste verfügt, weist einige internationale Destinationen, unter anderem nach Thailand und Korea, auf.

dem sowohl Lufthansa Cargo als auch Korean Air im Rahmen zweier voneinander unabhängiger Joint-Ventures neue Frachtterminals errichten wollen. Der Flughafen selbst, der immerhin 48 Inlands- und 18 internationale Strecken aufweist, hat ein neues Passagierabfertigungsgebäude erhalten und sollte während der Olympischen Spiele 2008 als zweites Gateway nach Beijing dienen. Dafür wurden die Start- und Landebahn auf 3.600 Meter verlängert und gleichzeitig die Arbeiten an einer zweiten Runway aufgenommen.

In Ostchina, wo derzeit 37 Flughäfen angesiedelt sind, werden zwölf zusätzliche Airports gebaut. Hier wird der Shanghai Pudong International Airport, der zweitgrößte Airport des Landes, als internationaler Hub fungieren. Er ist bereits Hauptdrehscheibe für China Eastern und Shanghai Airlines sowie internationales Drehkreuz für Air China, wird von über 50 Fluggesellschaften weltweit angeflogen und weist seit der Eröffnung seines zweiten Terminals im März 2008 Kapazitäten für 60 Millionen Fluggäste auf. Im Jahr 2007 frequentierten ihn knapp 29 Millionen Passagiere, davon über 17 Millionen international Reisende. Bis 2015 soll noch ein drittes Terminal samt Satellit hinzukommen, zudem wird das Start- und Landebahnsystem durch zwei weitere Runways auf fünf Parallelpisten ausgebaut, so dass Kapazitäten für bis zu 80 Millionen Fluggäste vorgehalten werden können. Und Pudong ist nicht nur einer der flächenmäßig größten Airports der Welt, sondern auch einer der größten Cargoflughäfen. Fast 2,5 Millionen Tonnen Fracht werden in Pudong jährlich umgeschlagen, bis zu sechs Millionen könnten es im Lauf des kommenden Jahrzehnts werden. Der internationale Flughafen von Schanghai, der übrigens erst

Die zehn größten Flughäfen in China im Jahr 2008

Rang	Stadt (Airport)	Passagiere	%*
1	BEIJING (PEK)	53.736.923	9,4
2	HONGKONG (HKG)	46.995.000	7,2
3	GUANGZHOU (CAN)	30.958.374	18,9
4	SCHANGHAI PUDONG (PVG)	28.929.954	8,0
5	SHANGHAI HONGQIAO (SHA)	22.632.962	17,0
6	SHENZHEN (SZX)	20.619.167	13,2
7	CHENGDU (CTU)	18.586.847	14,2
8	KUNMING (KMG)	15.729.171	8,9
9	XI'AN (XIY)	11.382.782	21,5
10	XIAMEN (XMN)	8.684.665	15,8

Stadt (Airport)	Fracht (Tonnen)	%*
HONGKONG (HKG)	3.772.673	4,5
SCHANGHAI PUDONG (PVG)	2.494.808	15,5
BEIJING (PEK)	1.191.048	15,8
GUANGZHOU (CAN)	694.923	6,4
SHENZHEN (SZX)	616.058	10,1
SHANGHAI HONGQIAO (SHA)	388.815	6,9
CHENGDU (CTU)	328.429	11,1
KUNMING (KMG)	232.647	6,1
XIAMEN (XMN)	193.625	10,6
NANJING (NKG)	181.595	19,7

Stadt (Airport)	Flugbewegung	%*
BEIJING (PEK)	399.986	6,3
HONGKONG (HKG)	305.044	5,1
GUANGZHOU (CAN)	260.835	12,2
SCHANGHAI PUDONG (PVG)	253.494	9,3
SHANGHAI HONGQIAO (SHA)	187.045	5,3
SHENZHEN (SZX)	181.450	7,1
CHENGDU (CTU)	166.382	6,4
KUNMING (KMG)	148.185	9,3
XI'AN (XIY)	119.404	15,6
XIAMEN (XMN)	85.251	10,2

*prozentuale Änderung zum Vorjahr. Quelle: ACI

1999 in Betrieb ging und den bisherigen Airport Hongquio entlastete, verfügt noch über eine weitere Attraktion: Er ist der einzige Airport der Welt, der an seine Stadt mit einer Hochgeschwindigkeits-Magnetbahn angebunden ist. In nur sieben Minuten rast der Maglev genannte Zug mit Spitzengeschwindigkeiten von 431 Stundenkilometern in die 30 Kilometer entfernte City.

Der Beijing Capital Airport ist unbestreitbar der größte Flughafen im Reich der Mitte.

Süd- und Zentralchina werden, nachdem 14 neue Airports gebaut worden sind, über 39 Flughäfen verfügen. Auch diese Region glänzt mit einem internationalen Hub, nämlich dem Guangdong Baiyun International Airport, der erst 2004 den alten Flughafen der Stadt Guangzhou abgelöst hat. Er hat mit China Southern Airlines eine international agierende Heimatfluggesellschaft, kann 111 nationale und internationale Ziele aufweisen und wurde im Jahr 2007 von 30 Millionen Fluggästen frequentiert. Auch er soll langfristig Kapazitäten für 80 Millionen Passagiere, 2,5 Millionen Tonnen Fracht und 558.000 Flugbewegungen jährlich erhalten. Immerhin befindet er sich inmitten des wirtschaftlich starken Perlflussdeltas mit einem Einzugsgebiet von 50 Millionen Menschen und soll helfen, die wirtschaftlichen Bande zwischen China und den Ländern Südostasiens zu stärken. So wurde nur vier Jahre nach Eröffnung des Airports, der mit zwei Parallelpisten und einem Terminal für 25 Millionen Fluggäste ausgestattet ist, die nächste Bauphase eingeläutet, in der bis 2010 eine dritte, 3.800 Meter lange Piste, neue Vorfeldflächen sowie das zweite Terminal errichtet werden sollen.

Eines der für den Baiyun Airport gesteckten Ziele ist es auch, die Vorherrschaft des Hongkonger Flughafens Check Lap Kok zu brechen. Denn der Einzugsbereich der ehemals britischen Kronkolonie, die nach wie vor eine touristisch wie wirtschaftlich höchst attraktive Destina-

tion ist, erstreckt sich ebenfalls bis ins Perlflussdelta und die dort angesiedelten Sonderwirtschaftszonen. Nicht umsonst rechnen die Betreiber des Hongkonger Airports auch in den kommenden Jahren mit Wachstumsraten um elf Prozent, womit Chek Lap Kok, der 2007 fast 47 Millionen Fluggäste aufweisen konnte, mit der Entwicklung in Festlandchina durchaus Schritt hält.

Die Region Südwestchina dagegen hat die Aufgabe, das Land mit den Mitgliedern der ASEAN (Association of Southeast Asian Nations) zu verbinden. Hier werden zusätzlich zu den 31 bestehenden 21 weitere Flughäfen, darunter mit dem New Kunming International Airport der viertgrößte des Landes nach Beijing, Schanghai und Guangzhou, errichtet. Bis 2009/2010 soll der neue Flughafen, ausgestattet mit zwei Start- und Landebahnen und ausgelegt auf 25 Millionen Fluggäste pro Jahr, in Betrieb gehen. Dann wird der bestehende Kunming Wujiaba Airport – er wurde 1923 eröffnet und ist einer ältesten in China – geschlossen. Schon jetzt ist Kunming ein regionales Drehdreuz mit fast 16 Millionen Fluggästen jährlich und 74 Zielen im In- und Ausland. Das 58.000 Quadratmeter große Terminal verfügt über 34 Gates und bietet Abfertigungskapazitäten für bis zu 20 Millionen Passagiere.

Die fünfte Luftverkehrsregion umfasst den Nordwesten Chinas, wo Urumqi ebenfalls als Regionalhub Verbindung nach Zentralasien bietet. Entsprechend wird der Airport, der als Ausweichlandeplatz für Flüge nach Westchina und Europa fungiert, hauptsächlich von asiatischen bzw. russischen Fluggesellschaften, darunter Korean Air, Azerbaijan Airlines oder S7 Airlines, angeflogen. Insgesamt sind es über 100 Airlines, die rund 60 Ziele ab diesem wichtigsten Flughafen Westchinas mit seiner 3.600 Meter langen Piste anbieten. Insgesamt wurden an den chinesischen Airports in Jahr 2007 385 Millionen Fluggäste abgefertigt. Schon zum Ende dieser Dekade soll die Grenze von 500 Millionen Reisenden gesprengt werden. Das Wachstum im chinesischen Luftverkehr zog bereits das Interesse verschiedener in- und ausländischer Investoren an. So investiert beispielsweise die HNA Group, zu der unter anderem die farbenfrohe Hainan Airlines, aber eben auch die HNA Airport Group gehören, in den Bau von bis zu 13 Flughäfen in China. Und aus dem Ausland will sich die Changi Airports International, die Investment-Tochter der Betreiber des Singapurer Flughafens, an bis zu 15 der zukunftsträchtigen Airports im Reich der Mitte beteiligen. ■

Der Qamdo Bangda Airport in Tibet liegt 4.334 Meter über dem Meeresspiegel und ist damit der am höchsten gelegene Flughafen der Welt. Damit die Flugzeuge in dieser Höhe überhaupt noch starten können, brauchen sie eine extrem lange Piste; in Bangda ist das die 14/32; mit 5.500 Metern die längste zivil genutzte der Welt. Trotz der Herausforderungen des Flugverkehrs in diesen Höhenlagen will China seine Provinz luftverkehrstechnisch besser erschließen und künftig noch weitere Airports in Tibet bauen.

MOSCOW
S7
VP-BTL
D-ABAB
BOEING 737 700

Russisches Duell

Wettstreit in Moskau – Scheremetjewo gegen Domodedwowo

In Moskau Domodedowo sorgt S7 Airlines als einer der Marktführer vor Ort für zahlreiche Anschlussflüge in die Weiten Russlands und Sibiriens.

Wie es einer so großen Metropole gebührt, verfügt auch Moskau über mehrere Flughäfen: Scheremetjewo, Domodedowo, Wnukowo, Bykowo und Ostafjewo sorgen für den Anschluss der russischen Hauptstadt an die Welt. Doch während Wnukowo eher als Regierungsflughafen sowie der Business Aviation dient, aus Bykowo, dem ältesten und kleinsten der Moskauer Airports, nur mehr wenige Inlandsflüge abgehen und Ostafjewo sich im Besitz der Fluggesellschaft Gazpromavia (die wiederum 100 Prozent zu Gazprom gehört) befindet, verbleiben eigentlich nur Scheremetjewo und Domodedowo als ernst zu nehmende Verkehrsdrehscheiben im Großraum Moskau. Lange Jahre war denn auch SVO, so der IATA-Code von Scheremetjewo, der Flughafen, den in- und ausländische Passagiere als erstes von Moskau zu sehen bekamen, denn er ist gleichzeitig der Heimatflughafen von Aeroflot und somit Dreh- und Angelpunkt der russischen Luftfahrt. Zumindest war das in den vergangenen fünfzig Jahren der Fall.

Eröffnet worden ist Scheremetjewo im August 1959, der erste internationale Flug startete ein knappes Jahr später nach Berlin-Schönefeld. 1964 erhielt SVO sein heutiges Terminal Scheremetjewo-1, dessen Form an eine gerade landende, fliegende Untertasse gemahnt. Bis zur Eröffnung des Gebäudes Scheremetjewo-2 am ersten Tag des Jahres 1980 hatte Scheremetjewo-1 sämtliche Flüge aufgenommen, nach Inbetriebnahme des zweiten Terminals wurden dort nur mehr Inlands- und Charterflüge abgewickelt, während in Scheremet-

Das internationale Terminal Scheremetjewo-2 heißt bald Terminal B, wird grundrenoviert, erweitert und durch einen Anbau mit dem künftigen Terminal A (Bild Seite 99) verbunden. Scheremetjewo-1 erinnert an ein UFO. Es wird künftig zwar keine Aliens, dafür aber Geschäftsreisende aufnehmen. Die Inlandsdienste wurden in ein neues Abfluggebäude verlegt.

jewo-2 bis heute alle internationalen Dienste abgefertigt werden. Die beiden Terminals befinden sich dies- bzw. jenseits des parallelen Pistenpaares 7/25 und sind im Prinzip zwei getrennte Flughäfen, die sich ein Runway-System teilen, zumal es keine physische Verbindung zwischen ihnen gibt. Umsteiger von einem internationalen zu einem Inlandsflug bzw. umgekehrt sind also gezwungen, mit dem Bus von einem zum anderen Airport zu gelangen.

Lange Jahre wurden die alten Einrichtungen nicht gepflegt, so dass sie bis weit ins 21. Jahrhundert hinein den Muff längst vergangener Sowjetzeiten verströmten. Erst die Abwanderung ausländischer Fluggesellschaften wie British Airways, Iberia, Swiss oder AUA an den aufstrebenden Flughafen Domodedowo veranlasste die Flughafenbetreiber, in Scheremetjewo zu investieren und zu modernisieren.

So entsteht mit Scheremetjewo-3 (künftig Terminal A) ein modernes Abfertigungsgebäude für die Heimatfluggesellschaft Aeroflot, das dieses gemeinsam mit ihren SkyTeam-Allianzpartnern, unter anderem Air France-KLM und Delta Air Lines, nutzen wird. Die Eröffnung des neuen Aushängeschildes wurde nach mehreren Verzögerungen auf 2009 angesetzt. Gleichzeitig wird Scheremetjewo-2 grundrenoviert und erweitert, um die Kapazitäten dieses Gebäudes, das dann Terminal B genannt wird, von acht auf 18 Millionen Reisende zu erhöhen. Dies geschieht durch den Anbau zweier Flügel, von denen einer als Verbindung zu Terminal A fungieren wird. Auf der anderen, nationalen Seite des Airports wurde bereits Anfang 2007 ein neues Abferti-

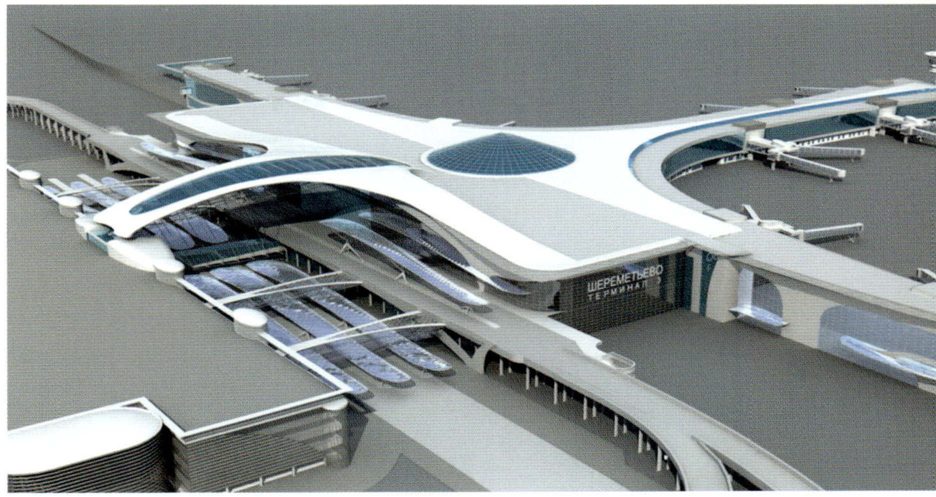

International Airport Sheremetyevo

Eröffnet	11. August 1959
IATA-Code	SVO
Eigentümer	Staat Russland
Betreibergesellschaft	International Airport Sheremetyevo
Heimatfluggesellschaft	Aeroflot
Geograph. Lage	55°58'3"N, 37°24'9"O
Höhe über NN	190 m
Fläche	k. A.
Start- und Landebahnen	07R CAT III/25L, 3.700 m
	07L/25R CAT III, 3.550 m
Terminals	3
Gates	23
Flugzeugparkpositionen	148
Passagiere	14.049.843
Flugbewegungen	164.664
Fracht	182.152 t
Flughafenmitarbeiter	6.500
Betriebszeiten	24 h
Homepage	www.sheremetyevo-airport.ru/

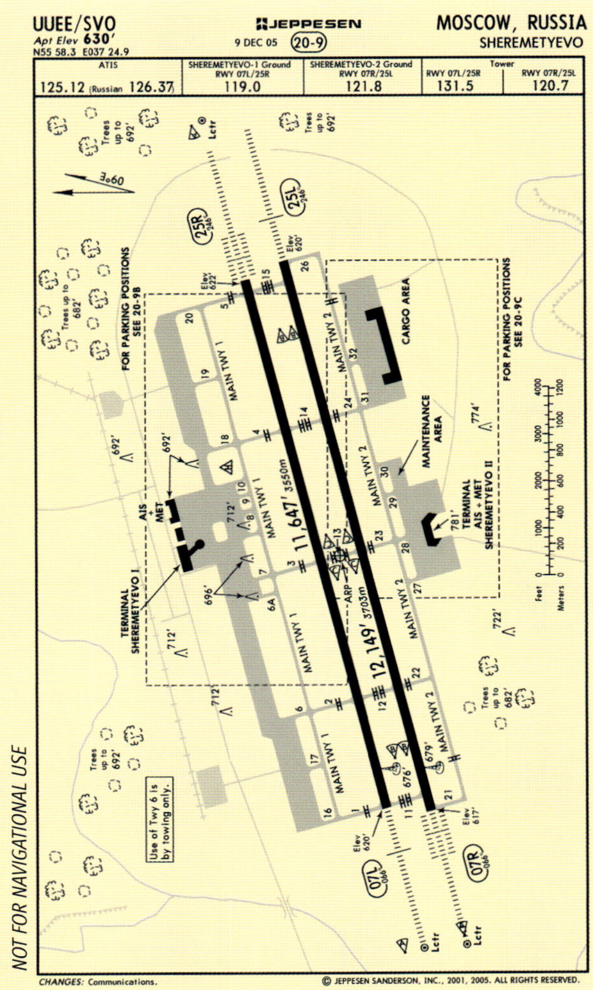

Der Flughafen Domodedowo ist midfield, also zwischen den beiden Parallelbahnen, angelegt und hat daher großen Spielraum bei künftigen Ausbauvorhaben.

gungsgebäude für fünf Millionen Fluggäste, nämlich Terminal C, in Betrieb genommen. Es entstand direkt neben Scheremetjewo-1, das nun für die Geschäftsreise-Luftfahrt hergerichtet wird.

Was dann noch immer fehlt am Flughafen in Moskaus Norden ist eine vernünftige Anbindung an die Innenstadt. Überteuerte Tarife und fast schon mafiöse Strukturen bei den lokalen Taxifahrern verbieten an sich schon die Fahrt im Taxi, so dass Reisende entweder auf die ebenso Zeit raubende Alternative Mietwagen oder auf die unbequeme Kombination von Bus und U-Bahn angewiesen sind. Immerhin ist eine Zugstrecke im Bau, der Bahnhof vor Terminal 2 bzw. B sollte nach mehreren Verzögerungen noch im Jahr 2008 in Betrieb gehen. In Scheremetjewo strengt man sich also an, aber das ist auch bitter nötig, denn die Konkurrenz schläft nicht.

2005 hatte Domodedowo (DME) erstmals den Aeroflot-Hub als größten Airport Moskaus abgelöst. Sein Marktanteil liegt inzwischen bei 47 Prozent, im Jahr 2000 waren es erst 16 Prozent. 2007 wurden bereits 18,7 Millionen Passagiere durch Domodedowo geschleust, während Scheremetjewo nur 14 Millionen Fluggäste verzeichnen konnte.

Eröffnet worden war Domodedowo im Mai 1965, um das Wachstum im nationalen Langstreckenverkehr aufzunehmen. Das schien aufzugehen, denn anderthalb Jahre später erhielt der Airport bereits seine zweite Start- und Landebahn. 1996 übernahm die East Line Group den Betrieb des Airports im Rahmen eines über 75 Jahre laufenden Leasingvertrages. Sie investierte Geld und sicherte sich durch Anteile am Flughafen ab, so dass sie nach und nach zur alleinigen Eigentümerin der ehemals staatlichen Einrichtung wurde. Heute konzentriert sich die Gruppe ausschließlich auf den Betrieb des Airports; die hauseigene Fluggesellschaft, mit der East Line in die Luftfahrtbranche eingestiegen war, ist schon lange verkauft.

Zu verdanken hat DME seinen Aufstieg nicht nur der Weitsicht ihrer Betreiber, sondern vor allem den grenzüberschreitenden Verbindungen. Im Jahr 2000 lag der Anteil der internationalen Passagiere noch bei 22 Prozent, aber seit 2004 wächst ihr Anteil überproportional und lag 2007 bereits bei 58 Prozent. Und dafür sind wiederum die Zustände in Scheremetjewo verantwortlich, denn von den Verbesserungen dort profitierten bislang in erster Linie Aeroflot und ihre Allianzpartner. Den anderen Fluggesellschaften fehlen vor allem lokale Partner und deren Anschlussflüge, um SVO als Drehscheibe nutzen zu können. Daher sind sie alle abgewandert nach Domodedowo – British Airways, Singapore Airlines, Thai, Spanair, Swiss, BMI, Austrian, und 2008 zog auch die Deutsche Lufthansa nach. Denn mit S7 Airlines und AiRUnion gibt es vor Ort zwei große russische Fluggesellschaften, die weiteres Wachstum versprechen.

Damit das Konzept aufgeht, wird in DME weiter ausgebaut. So sollten die Kapazitäten von Terminal 1 bis Ende 2008 verdoppelt werden, aber geplant sind noch weitere Abfertigungseinrichtungen: Die künftigen Terminals 2 und 4 sollen für den internationalen Verkehr errichtet werden, wobei 2 voraussichtlich den Mitgliedern der Star Alliance zur Verfügung stehen wird. Ein Terminal 3 dagegen soll später einmal den Inlandsverkehr aufnehmen. Damit auch das Runway-System mit dem Wachstum mithalten kann, wird um das Jahr 2010 eine dritte Start- und Landebahn eröffnet, und Platz für den weiteren Ausbau mit mindestens noch einmal so vielen Pisten ist rund um DME auch noch vorhanden.

Doch auch bei der landseitigen Verkehrsanbindung verfolgt Domodedowo eine intelligente Strategie. Denn der Airport ist der einzige in Moskau, der einen Bahnanschluss hat. Rund 40 Minuten fahren zwei Linien in die rund 35 Kilometer nördlich gelegene Innenstadt, und am Bahnhof Paweletski gibt es ein Innenstadt-Terminal, an dem die Passagiere einchecken und ihr Gepäck aufgeben können. Das Konzept ist so erfolgreich, dass hier die Kapazitäten verdoppelt, die Züge verlängert und die Frequenzen erhöht werden sollen.

Das Ziel von Domodedowo ist klar: In einem Jahrzehnt soll der Airport, der 2007 von den Passagierzahlen her noch an 21. Stelle stand, zu den zehn größten Luftverkehrsdrehscheiben in Europa gehören. ■

In Terminal 1 werden die Kapazitäten bis Ende 2008 nahezu verdoppelt. Insgesamt hat der Airport Kapazitäten für 21 Millionen Fluggäste.

Domodedowo International Airport

Eröffnet	20. Mai 1965
IATA-Code	DME
Eigentümer	East Line Group
Betreibergesellschaft	East Line Group
Heimatfluggesellschaft	S7 Airlines
Geograph. Lage	55°24'31"N, 37°54'22"O
Höhe über NN	179 m
Fläche	13.600 ha
Start- und Landebahnen	14R/32L, 3.500 m; CAT IIIa 14L/32R, 3.800 m; CAT IIIa
Terminals	2
Gates	22
Passagiere	18.755.098
Flugbewegungen	181.141
Fracht	133.662
Flugzeugparkpositionen	130
Flughafenmitarbeiter	k. A.
Betriebszeiten	24 h
Homepage	www.domodedovo.ru

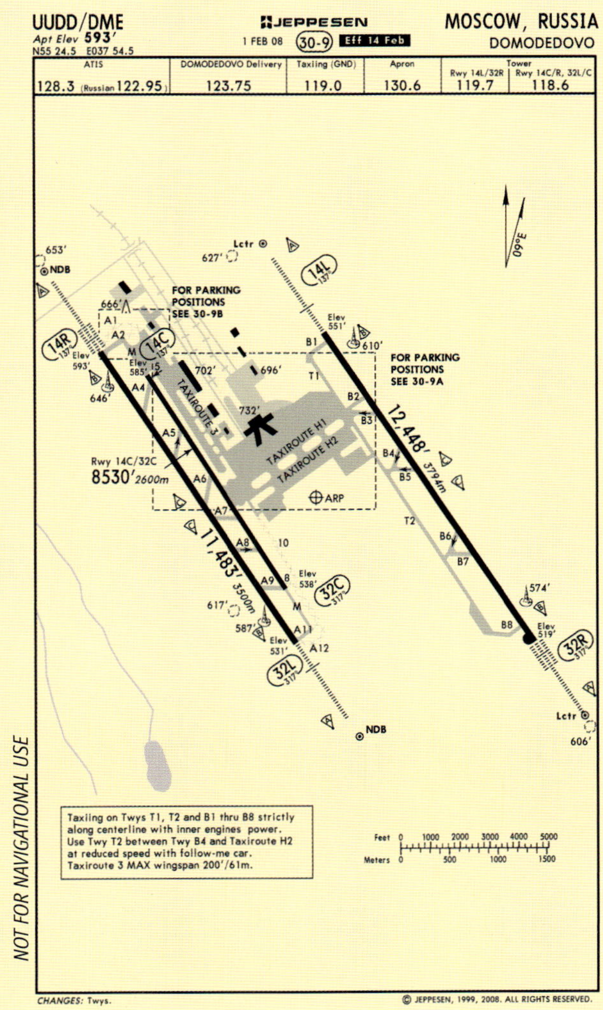

1001 Nacht

Mega-Drehscheiben im Nahen Osten

Sie verzeichnen Wachstumsraten, von denen man hierzulande nicht einmal zu träumen wagt. Die Flughäfen im Nahen Osten im Allgemeinen und die am Rande der arabischen Halbinsel im Besonderen sind vor einigen Jahren aus einem Jahrzehnte dauernden Dornröschenschlaf erwacht und nun als Luftverkehrsdrehscheiben der Zukunft auf dem Sprung an die Weltspitze. Abu Dhabi, Dubai, Doha, Ras al Khaimah oder Sharjah weisen Verkehrssteigerungen zwischen 20 und 40 Prozent jährlich auf und wollen sich künftig als Umschlaghäfen von Abermillionen Passagieren und Frachttonnen zwischen Europa und Fernost profilieren. Dazu sehen sie sich bestens aufgestellt, denn die Staaten am Golf verfügen einerseits über fast unbegrenzte finanzielle Mittel, andererseits über vergleichsweise niedrige Personalkosten, modernste infrastrukturelle Einrichtungen und eine geographisch günstige Lage. Nicht umsonst waren die ersten Airports auf der arabischen Halbinsel schon in den frühen Tagen der Luftfahrt aus dem Wüstenboden gestampft worden. Sie dienten auf dem langen Flug von Europa nach Asien oder Australien als Stationen für technische Stopps, an denen Treibstoff und Ersatzteile für den reibungslosen Weiterflug gelagert wurden, da die Flugzeuge früherer Jahrzehnte bei weitem nicht über die Reichweiten verfügten, um diese Strecken nonstop zurück zu legen.

Zwar gibt es heute Flugzeuge, die selbst die ungeheuerliche Strecke von New York bis nach Singapur – das sind fast 17.000 Kilometer bzw. 18 Flugstunden – ohne Zwischenlandung bewältigen, doch der Bedarf nach kürzeren Flugsegmenten ist ungebrochen.

Insofern hat sich an der guten Position der arabischen Hubs nichts geändert, zumal auch ihre jeweiligen Heimatfluggesellschaften angesichts der in der Golfregion günstigeren Treibstoffkosten künftig besser aufgestellt sein werden als ihre westeuropäischen bzw. US-amerikanischen Mitbewerber.

Besonders profiliert haben sich in den vergangenen Jahren das Emirat Dubai und seine Fluggesellschaft Emirates Airline. Allein innerhalb der letzten vier Jahre hat sich das Passagieraufkommen bei Emirates von 10,4 Millionen auf 21,2 Millionen Fluggäste mehr als verdoppelt. Am Dubai International Airport wurden über 34 Millionen Passagiere verzeichnet, und aufgrund des auch weiterhin starken Verkehrswachstums investiert das Emirat in den kommenden Jahrzehnten bis zu 82 Milliarden US-Dollar in seine Infrastruktur. Davon ist der Anteil von etwas über vier Milliarden Dollar, den die Neuerungen am bestehenden Dubai International Airport ausmachen, geradezu lächerlich gering. Dort nämlich sollten noch im Jahr 2008 ein unterirdisch angelegtes Terminal 3 samt Concourse 2 in Betrieb gehen und die Kapazitäten bis 2010 auf bis zu 70 Millionen Fluggäste pro Jahr angehoben werden.

Parallel dazu entsteht rund 40 Kilometer vom Dubai International Airport entfernt bei Jebel Ali die wohl größte Flughafeninfrastruktur der Welt: Dubai World Central, eine Luftfahrt-affine Stadt mit bis zu 900.000 Einwohnern, die sich über 140 Quadratkilometer erstrecken und dessen Herzstück der Al Maktoum International Airport mit dem IATA-Kürzel JXB sein wird. 2030 soll das gigantische Vorhaben abgeschlossen sein, und dann wird der Flughafen Kapazitäten für jährlich 120 Millionen Fluggäste und zwölf Millionen Tonnen Fracht aufweisen. Drei Passagierterminals mit Satelliten und ein Cargozentrum mit 16 Frachtterminals wer-

Der Kontrollturm des New Doha International Airports, der 2011 in Betrieb geht, soll ein Wahrzeichen der arabischen Stadt werden.

Der künftige Großflughafen Al Maktoum International bei Jebel Ali im Emirat Dubai soll nach seinem Endausbau Kapazitäten für 120 Millionen Fluggäste pro Jahr vorhalten.

den zwischen sechs parallelen Start- und Landebahnen von je 4.500 Metern Länge mit der Ausrichtung 12/30 bzw. 13/31, die jeweils durch einen 800 Meter breiten Streifen von einander getrennt sind, angesiedelt. Rund um den Airport herum werden verschiedene Ortschaften angelegt, die unter den jeweiligen Mottos Luftfahrt, Logistik, Wirtschaft, Wohnen, Bildung, Freizeit, Technologie oder Unterhaltung gestaltet werden. So soll die Dubai Logistic City die größte multimodale Logistikdrehscheibe der Welt mit Verknüpfung von Luft-, Land- und Seeweg werden. Nicht umsonst ist das Projekt nahe des Hafens und der Freihandelszone von Jebel Ali angelegt. Geplant ist beispielsweise der Umschlag von Waren zwischen See- und Lufthafen innerhalb von vier Stunden.

Die Commercial City wird mit voraussichtlich 850 Wolkenkratzern von bis zu 300 Metern Höhe das künftige Finanz- und Wirtschaftszentrum der Region, wäh-

Der bestehende Flughafen Dubai International wird derzeit für rund vier Milliarden US-Dollar erweitert.

rend die Aviation City der Mittelpunkt der regionalen Luftfahrt mit Zulieferern, Wartungsspezialisten und Flugzeugherstellern werden soll. Ein Science and Technology Park soll dereinst Industrie und Technologie aufnehmen. Um all jene, die in Dubai World Central Lohn und Brot finden wollen, unterzubringen, werden auch Wohngebiete mit Villenvierteln sowie weniger anspruchsvollen Behausungen in der Residential City oder der Golf City errichtet.

Das gesamte Projekt ist modular aufgebaut, und bereits im November 2007 wurde die erste Start- und Landebahn, Anfang 2008 dann der 91 Meter hohe Kontrollturm fertig gestellt. Schon ab 2009 sollen die Runway sowie ein erstes Logistikzentrum in Betrieb genommen werden, im dritten Quartal 2009 wird nach Fertigstellung eines ersten provisorischen Fluggastgebäudes wohl auch grünes Licht für die Passagierabfertigung gegeben. Das Terminal soll für bis zu sieben Millionen Reisende ausgelegt sein und den gesamten Flugbetrieb aus dem derzeitigen Terminal 2 am Dubai International Airport aufnehmen. Die großen Terminals jedoch, die zwischen den Parallelbahnen angelegt werden, werden vermutlich erst ab 2016 in Betrieb gehen.

Die „Aerotropolis" der Zukunft wird den bestehenden Flughafen des Emirats jedoch keinesfalls ablösen, sondern ihn ergänzen – vorerst zumindest. Beide Airports sollen durch einen Hochgeschwindigkeitszug miteinander verbunden werden, zudem wird der neue Superflughafen über die Dubai Metro auch an die Stadt angeschlossen.

Die staatliche Fluggesellschaft Emirates Airline wird im Übrigen ihre gesamte A380-Flotte in JXB stationieren und beabsichtigt, einen Teil des internationalen Transitverkehrs zwischen Amerika bzw. Europa und Asien bzw. Australien über ihr neues Drehkreuz zu lenken.

Betriebsaufnahme 2011

In ähnliche Richtung denkt man auch im benachbarten Scheichtum Qatar, das mit Qatar Airways eine leistungsstarke Fluggesellschaft sein eigen nennt. Und diese wiederum ist verantwortlich für die Geschicke ihres Heimatflughafens, des Doha International Airports. Auch der hat sich für das derzeitige Wachstum als zu klein entpuppt, weshalb er ab 2011 durch einen ebenso teuren wie imposanten Neubau abgelöst werden soll. Der New Doha International Airport erstreckt sich nur vier Kilometer östlich des bestehenden Flughafens über rund 22 Quadratkilometer und wird ebenso wie der „Weltflughafen" in Dubai ganz auf die Abfertigung des Großraumflugzeugs Airbus A380 ausgelegt

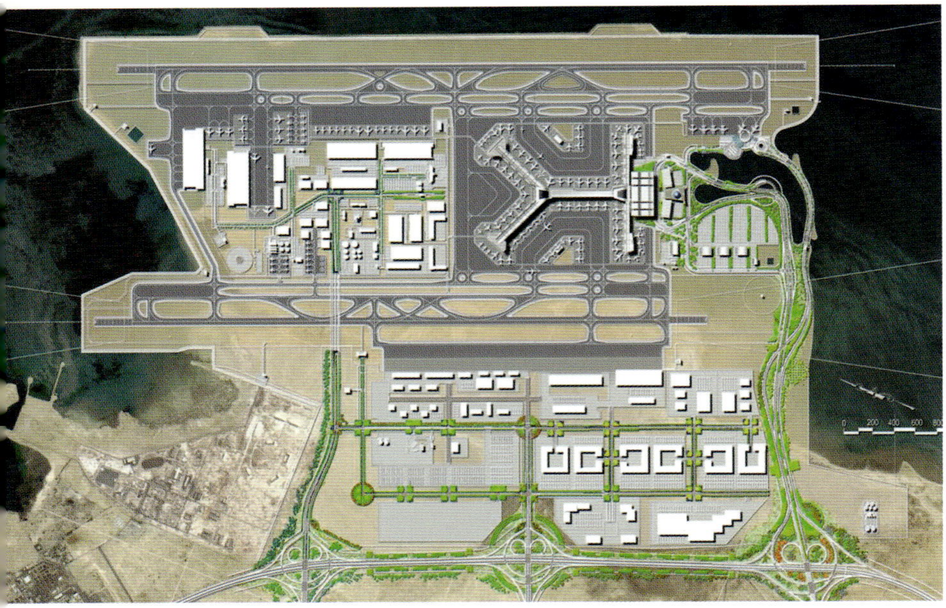

Zwar war die Eröffnung des New Doha International Airports ursprünglich für 2009 angepeilt, doch wegen einiger Verzögerungen wird es nun erst 2011 soweit sein – dann allerdings schon mit der zweiten Ausbaustufe.

sein. Und auch Qatar Airways will sich auf den Transitverkehr zwischen West und Ost im Allgemeinen bzw. zwischen Europa und dem indischen Subkontinent im Besonderen konzentrieren.

Gut die Hälfte des Flughafenareals befindet sich auf Landaufschüttungen im Persischen Golf, und dort gibt es genug Platz, um gleich eine Freihandelszone, einen Businesspark, Bürokomplexe, eine Einkaufsmeile, etc. mit anzulegen.

Der neue Flughafen soll zwei parallele Start- und Landebahnen erhalten, die mit 4.850 und 4.250 Metern lang genug sein werden, um auch bei den glühenden Temperaturen des arabischen Sommers den uneingeschränkten Start von Großraumgerät zu erlauben. Die Arbeiten an der ersten Ausbaustufe des neuen Airports für zunächst sieben Millionen jährliche Fluggäste waren bereits im Jahr 2005 aufgenommen worden, doch aufgrund des starken Verkehrswachstums vor Ort wird bis 2011 auch die zweite Ausbaustufe, die ein Terminal mit 40 Gates und Kapazitäten für bis zu 24 Millionen Reisende pro Jahr vorsieht, fertig gestellt. Mit zur Anlage gehören auch das sogenannte Amiri-Terminal für die königliche Familie und für VIPs, ein Frachtkomplex für zunächst 750.000 Tonnen Güterumschlag pro Jahr sowie ein Wartungszentrum, in dem einer der größten Flugzeughangars weltweit angesiedelt wird.

Bis zum Jahr 2015 soll der Flughafen auf die doppelte Größe anwachsen und die Abfertigung von 50 Millionen Reisenden und zwei Millionen Tonnen Fracht gestatten.

Zwischenzeitlich wird jedoch erst einmal der bestehende Flughafen von Doha ausgebaut, denn der Komfort für die Passagiere soll trotz der Kapazitätsprobleme uneingeschränkt hoch bleiben. In diesem Sinn hat Qatar Airways auch ein eigenes Terminal für First- und

Businessclass-Passagiere errichtet, das weltweit neue Standards in der Abfertigung von Premiumgästen setzt.

Klein aber fein

Ganz auf diese Klientel setzt auch Abu Dhabi, unangefochten das reichste Scheichtum und zugleich Hauptstadt der Vereinigten Arabischen Emirate. Hier gilt im Gegensatz zu Dubai eher das Motto „klein, aber fein", und dementsprechend werden die Abfertigungseinrichtungen des neuen Flughafens gehalten. Dieser entsteht nicht etwa an einem anderen Standort, sondern ist schlicht die gewaltige Erweiterung des bestehenden Airports aus dem Jahr 1982. Damals war nach dem Vorbild von Paris Charles de Gaulle ein Terminal mit sternförmigem Pier für zwei Millionen Passagiere angelegt worden. 2005 hatte AUH, so der IATA-Code des Flughafens, ein zweites Terminal für Billigfluggesellschaften und damit Kapazitäten für sieben Millionen Fluggäste erhalten. 2007 wurden bereits 6,9 Millionen Fluggäste durch den Airport geschleust; für einen Großteil davon zeichnete die Heimatfluggesellschaft Etihad Airways verantwortlich. Ein stürmisches Wachstum von 31 Prozent im Jahr 2007 erfordert aber auch hier schnellstes Handeln. Entsprechend wurde Terminal 1 um einen neuen Gebäudeteil für fünf Millionen Reisende, genannt Terminal 3, erweitert, der über acht gebäudenahe Flugzeugpositionen verfügt und 2008 von Etihad Airways in Betrieb genommen wurde.

Das Herzstück des Flughafenneu- bzw. -ausbaus ist aber unter anderem eine zweite, 4.000 Meter lange Start- und Landebahn 13L/31R, die parallel um 2.000 Meter versetzt zur bestehenden, 4.100 Meter langen Piste angelegt wurde. Das neue Runwaysystem kann damit 70 Flugbewegungen pro Stunde aufnehmen; zusätzlich sind beide Bahnen mit einem Instrumenten-Landesystem der Kategorie II versehen, das den Betrieb auch bei schlechter Sicht gestattet.

Zwischen den beiden Runways wurde ein 110 Meter hoher Kontrollturm errichtet, und bis Ende 2011 entsteht ein futuristisch anmutendes X-förmiges Midfield-Terminal mit 42 Gates für 20 Millionen Fluggäste. Als Highlight ist ein großer Garten geplant, der von der Check-in-Halle aus erreicht werden kann. In seiner ersten Ausbaustufe wird der Airport also Kapazitäten für rund 32 Millionen Fluggäste vorhalten; bei seinem derzeitigen Wachstum rechnen die Betreiber bereits im Jahr 2015 mit 20 Millionen Passagieren. Weitere Kapazitäten können später durch einen Pier geschaffen werden, zudem ist Platz für ein fünftes Terminal vorhanden, so dass nach der Endausbaustufe, für die bislang noch kein Zeitplan besteht, an diesem „global Hub" der Zukunft bis zu 40 Millionen Fluggäste jährlich abgefertigt werden können. Die werden dann übrigens auch mit einem Bahnanschluss in die Innenstadt verwöhnt. Zusätzlich sollen die Frachtkapazitäten ausgebaut werden, und voraussichtlich neben Terminal 1 wird eine Freihandelszone entstehen. Alles in allem investiert Abu Dhabi knapp sieben Milliarden Dollar in die

Aufsehen erregend soll nicht nur der Gesamteindruck des New Doha International Airports sein, sondern auch schon die Vorfahrt zum Terminal.

Das künftige Amiri-Terminal in Doha ist der Abfertigung von VIPs sowie vor allem der königlichen Familie vorbehalten.

Die zehn größten Flughäfen im Nahen Osten im Jahr 2007

Rang	Stadt (Airport)	Passagiere	%*
1	DUBAI (DXB)	34.348.110	19,3
2	TEL AVIV (TLV)	10.527.284	14,2
3	BAHRAIN (BAH)	7.319.334	9,3
4	KUWAIT (KWI)	6.956.550	13,9
5	ABU DHABI (AUH)	6.926.460	31,0
6	SHARJAH (SHJ)	4.324.313	41,1
7	MUSCAT (MCT)	4.217.384	(11,7)
8	BEIRUT (BEY)	3.408.834	20,7
9	SANA'A (SAH)	1.793.748	9,4
10	EILAT (ETH)	1.174.543	5,8

Stadt (Airport)	Fracht (Tonnen)	%*
DUBAI (DXB)	1.668.506	11,0
BAHRAIN (BAH)	378.672	5,6
TEL AVIV (TLV)	350.209	6,6
ABU DHABI (AUH)	317.328	22,7
SHARJAH (SHJ)	31. 312	16,2
KUWAIT (KWI)	17. 310	5,8
MUSCAT (MCT)	77.392	(22,3)
BEIRUT (BEY)	63.845	10,9
FUJAIRAH (FJR)	31.907	15,3
SANA'A (SAH)	18.750	(15,9)

Stadt (Airport)	Flugbewegung	%*
DUBAI (DXB)	259.952	9,6
BAHRAIN (BAH)	88.580	9,0
KUWAIT (KWI)	83.562	16,5
ABU DHABI (AUH)	82.285	9,1
TEL AVIV (TLV)	74.465	9,8
SHARJAH (SHJ)	53.982	14,1
BEIRUT (BEY)	49.342	11,9
MUSCAT (MCT)	44.620	(2,1)
EILAT (ETH)	20.663	6,3
SANA'A (SAH)	17.415	3,1

*prozentuale Änderung zum Vorjahr. Quelle: ACI. Der Doha International Airport hat keine Zahlen veröffentlicht.

Zukunft seiner Verkehrsdrehscheibe, doch das Emirat, das auf schätzungsweise über zehn Prozent aller heute bekannten Erdölvorkommen sitzt, dürfte mit der Finanzierung keinerlei Probleme haben. Denn alleine das Investitionsvolumen für den in den nächsten fünf Jahren geplanten Ausbau der staatlichen Infrastrukturen beläuft sich auf unbeschreibliche 255 Milliarden Dollar.

Die Flughäfen im Nahen Osten, hier der Duty-Free-Bereich in Terminal 1 von Dubai International, setzen auf eine kauffreudige Klientel.

Langzeitpläne in der Region

Auch im kleinsten der Emirate, in Ajman, soll ein Flughafen gebaut werden. Unweit von Dubai entsteht bis 2011 ein Airport für eine Million Fluggäste pro Jahr, dessen Kapazitäten bis 2046 auf 10,4 Millionen Reisende und mindestens 400.000 Tonnen Fracht aufgestockt werden sollen. Angeblich haben bereits 25 Fluggesellschaften um Verkehrsrechte an dieser künftigen Luftverkehrsinfrastruktur, deren Baubeginn Ende 2008 erfolgen sollte, nachgefragt.

Fast nebenan, in der Hauptstadt des Emirats Bahrain, in Manama, rüstet der Bahrain International Airport auf. Anstrebt sind Kapazitäten für 15 Millionen jährliche Fluggäste bis 2015 bzw. für 22 Millionen Reisende bis 2020 und 25 Millionen bis zum Jahr 2050. Hier ist vor allem die nationale Fluggesellschaft Gulf Air gefordert, aber das Emirat setzt auch darauf, dass asiatische Billigfluggesellschaften, allen voran AirAsiaX, den Flughafen als Drehkreuz im Nahen Osten nutzen werden.

In Oman dagegen sollen gleich drei neue Flughäfen bei Ras Al Hadd, Duqm und Sohar gebaut werden. Darüber hinaus werden die Airports von Seeb und Salalah erweitert. So sollen in Seeb die Kapazitäten bis 2010 auf die Abfertigung von zwölf Millionen Fluggästen aufgestockt werden, mit der Option, irgendwann eine Einrichtung für 48 Millionen Reisende pro Jahr zu schaffen. Dieses Ziel soll hauptsächlich mit Hilfe der staatlichen Fluggesellschaft Oman Air erreicht werden, die nicht nur mit London-Gatwick ein neues Ziel in Europa

anfliegt, sondern ab 2009 auch Destinationen in Fernost wie Beijing oder Bangkok anstrebt.

Öffnen will sich anscheinend auch das Königreich Saudi-Arabien. Dort wird der Jeddah International Airport für 1,5 Milliarden US-Dollar erweitert, um bis 2011 zunächst Abfertigungseinrichtungen für 30 Millionen Passagiere pro Jahr zu schaffen und diese sukzessive zu erweitern, um später bis zu 60 Millionen und im Endausbau sogar bis zu 80 Millionen Fluggäste durch seine Hallen schleusen zu können. 2007 noch wies der Airport Platz für allenfalls 13 Millionen jährliche Reisende auf.

Zusätzlich zu den bestehenden drei internationalen Airports in Dschidda (engl: Jeddah), Riad und Dammam ist der Bau eines vierten Großflughafens im Land geplant. Saudi-Arabien wird in der Region als der meistversprechende Markt für Billigfluggesellschaften betrachtet. Immerhin erstreckt es sich über nahezu die gesamte arabische Halbinsel und weist mit 27 Millionen Einwohnern auch die größte Population in der Region auf.

Gebaut wird auch im nahen Kuwait, wo Billigflieger Jazeera Airways bereits das Potenzial für den Low-Cost-Verkehr in der Region abschöpft. Der Kuwait International Airport kann immerhin ein jährliches Wachstum von bis zu 17 Prozent aufweisen und hat einen Masterplan erstellt, der in den nächsten Jahren nicht nur die Verlängerung des Parallelpistenpaars 15/33, mit derzeit 3.400 bzw. 3.500 Meter Länge, vorsieht, sondern bis Ende 2010 auch den Bau eines zweiten Passagierterminals mit 20 Gates für 30 Millionen jährliche Fluggäste. Langfristig sind die Expansion um eine dritte Start- und Landebahn, ein neues Frachtzentrum sowie die Vergrößerung des neuen Terminals geplant, so dass dann Kapazitäten für rund 55 Millionen Reisende vorgehalten werden können.

Strategische Partner gesucht

Zusammengefasst planen die verschiedenen Staaten im Nahen Osten bis zum Jahr 2015 Infrastruktureinrichtungen für bis zu 300 Millionen Fluggäste pro Jahr. Dies

Das bestehende Terminal 1 am Abu Dhabi International Airport wurde von der französischen Flughafenbetreiberin Aéroports de Paris entworfen.

Der künftige Midfield-Terminalkomplex am Abu Dhabi International Airport soll Akzente in Sachen Passagierkomfort setzen, denn im reichsten Emirat setzt man auf Klasse statt auf Masse.

mag bei den derzeitigen Steigerungsraten ein vernünftiges Vorhaben sein, setzt aber voraus, dass sich die Wachstumskurven nicht abflachen, sondern pro Jahr durchschnittlich um 17 Prozent weiter steigen. Hier sieht beispielsweise die Dachorganisation der Fluggesellschaften, die International Air Transport Association (IATA), ein Problem auf die optimistischen Airports rund um die Arabische Halbinsel zukommen. Denn die IATA prognostiziert nur mehr ein künftiges Wachstum von sieben Prozent pro Jahr, so dass 2015 ein Verkehrsaufkommen von 117 Millionen Fluggästen erreicht würde und damit über die Hälfte der künftigen Abfertigungseinrichtungen leer stünde.

Für alle Fälle sichern sich die Airports im arabischen Raum bereits ab, indem sie ausländische Investoren mit ins Boot holen. So ist beispielsweise die türkische Flughafenbetreiberin TAV im Rahmen eines Konsortiums an neuen Projekten im libyschen Tripolis sowie zusammen mit der französischen Aéroports de Paris (ADP) im tunesischen Enfidha beteiligt. Die ADP wiede-

rum managt fünf kleinere Flughäfen in Ägypten, während der internationale Flughafen von Kairo von der deutschen Fraport AG ausgebaut und betrieben wird. Und im Oman sollte ursprünglich die britische BAA für den Aus- und Neubau der dortigen Flughäfen sorgen. Die Privatisierung der anstehenden Projekte wurde 2004 zwar gestoppt, ist nun aber wieder in der Diskussion. In Abu Dhabi wurde das Management des Airports an die Changi Airports International ausgelagert, und das neue Midfield Terminal soll im Rahmen eines Joint-Ventures zusammen mit einem Partner errichtet und betrieben werden. Selbst in Dubai wird darüber nachgedacht, private Investoren in den Bau des Monumentalprojekts World Central einzubinden. Im jordanischen Amman dagegen wird das zweite Passagierabfertigungsgebäude von der französischen ADP errichtet. Und die ist sogar im konservativen Saudi-Arabien am Ausbau und Betrieb des Hadsch-Terminals am King Abdul Aziz International Airport in Dschidda zusammen mit einer einheimischen Gesellschaft beteiligt. ■

Köln Bonn
B2
B3
Lufthansa

Flughafen Köln/Bonn

Mit Schwung ins 21. Jahrhundert

Vorherige Doppelseite: Die beiden sternförmigen Satelliten von Terminal 2 sind das Wahrzeichen des Flughafens Köln/Bonn und zeugen von einer Zeit, als die Abfertigungseinrichtungen bevorzugt dezentral angelegt wurden.

Weltweit gehört der Flughafen Köln/Bonn „Konrad Adenauer" zwar nicht einmal zu den 100 größten Airports, doch innerhalb Europas steht er mit seinen 10,47 Millionen Fluggästen im Jahr 2007 immerhin auf Rang 35. Und im Billigflugsegment kann ihm, zumindest in Deutschland, keiner das Wasser reichen. Auch innereuropäisch spielt er in diesem Geschäftsfeld in der oberen Liga, neben Barcelona, Brüssel oder Palma de Mallorca. Nur London-Stansted generiert mit dem sogenannten Low-Cost-Geschäft noch mehr Passagiere, nämlich 23,7 Millionen, was den drittgrößten Londoner Airport in der Weltrangliste auf Platz 50 setzt.

Davon ist CGN zwar noch weit entfernt, doch genauso gut trennen den Airport inzwischen Welten von der Situation, in der er sich zu Anfang dieses Jahrhunderts befand. Damals war gerade ein neues Terminal mit Kapazitäten für über zehn Millionen jährliche Fluggäste eröffnet worden, entworfen vom Star-Architekten Helmut Jahn. Der Flughafen hatte zwar nach dem verheerenden Brand am Düsseldorfer Airport im Jahr 1996 fast dessen gesamten Verkehr aufgenommen, doch nach der Eröffnung eines neuen Abfertigungsgebäudes im nur 50 Kilometer entfernten Düsseldorf im Jahr 2001 entfiel dieses Mehr an Verkehr wieder. Gleichzeitig ließ der Umzug der Bundesregierung von Bonn nach Berlin die Passagierzahlen weiter sinken, dazu kamen die Wirtschaftskrise, die Auswirkungen der Terroranschläge vom 11. September 2001 in New York, die SARS-Erkrankungen in Asien ...

Die Passagierzahlen brachen ein auf deutlich unter sechs Millionen Fluggäste, das schöne neue Terminal stand praktisch leer. Doch 2002 bahnte sich durch einen Strategiewechsel die Wende an. Köln/Bonn, das sich immer so gern als interkontinentaler Airport gesehen hätte, schlug eine völlig andere Richtung ein und konzentrierte sich auf den aufkommenden Billigflugverkehr in Deutschland. Zwar war dieses Geschäftssegment der Zivilluftfahrt in den USA bereits seit Jahrzehnten ein Erfolg, in Kontinentaleuropa nahmen es jedoch

Trotz des rasenden Wachstums im Billigflugverkehr spielt nach wie vor auch die Deutsche Lufthansa eine wichtige Rolle in CGN, hier eine ihrer Boeing 737-300 vor Terminal 1.

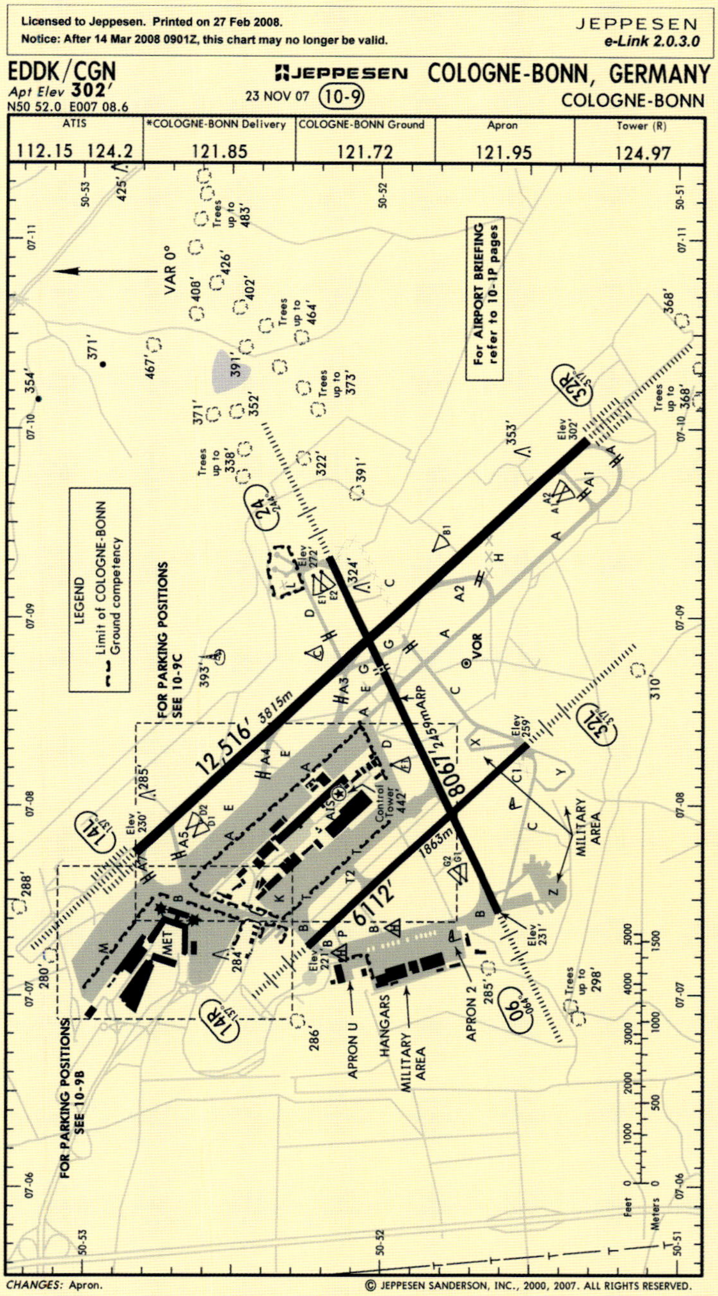

NOT FOR NAVIGATIONAL USE

Flughafen Köln/Bonn

Eröffnet	1938
IATA-Code	CGN
Eigentümer	BRD 30,94 %, Nordrhein-Westfalen 30,94 %, Stadt Köln 31,12 %, Stadt Bonn 6,06 %, Landkreise 0,94 %
Betreibergesellschaft	Flughafen Köln/Bonn GmbH
Größte Fluggesellschaft	Germanwings
Geograph. Lage	50°52'02"N, 7°8'37"O
Höhe über NN	92 m
Fläche	1.000 ha
Start- und Landebahnen	14L, CAT IIIa/32R, CAT IIIb, 3.815 m 14R/32L, 1.866 m, 06/24 CAT I, 2.460 m
Terminals	2
Gates	55
Flugzeugparkpositionen	18 Brücken-, 96 Vorfeldpositionen
Flughafenmitarbeiter	12.460
Passagiere	10.471.657
Fracht	719.076 t
Flugbewegungen	151.020
Betriebszeiten	24 h
Homepage	www.koeln-bonn-airport.com

Zusammen mit seiner neuen Ausrichtung erhielt der Flughafen Köln/Bonn auch eine neue Corporate ID mit bunten Piktogrammen, die sogar die Security-Fahrzeuge schmücken.

Terminal 2 war im Sommer 2000 nach dreijähriger Bauzeit eröffnet worden. In der modernen Glas-Stahl-Konstruktion war es in den ersten Jahren sehr ruhig; sie wurde erst durch die Billigfluggesellschaften belebt.

nur wenige wirklich ernst. CGN, so der IATA-Code des Airports in der Wahner Heide, öffnete jedoch bereitwillig die Tore seines neuen Terminals 2 für die frisch aus der Taufe gehobene Eurowings-Tochter Germanwings sowie den Hapag-Lloyd-Ableger HLX, und seither haben sich die Passagierzahlen vor Ort fast verdoppelt: Zwischen 2002 und 2007 wuchs das Fluggastaufkommen um sage und schreibe 92 Prozent.

60 Airlines bieten fast 140 Flugziele in etwa 50 Ländern an. Zwar sind so gut wie alle Routen Kurz- und Mittelstrecken, doch immerhin kam sogar Continental Airlines mit einer Boeing 757 täglich von New York Newark nach Köln/Bonn, und Iran Air fliegt zweimal wöchentlich nach Teheran. Allerdings ist der erhoffte Start ins Langstreckensegment eher schwierig, zumal im Low-Cost-Geschäft, das sich hier nur begrenzt eignet. Bestes Beispiel hierfür ist die chinesische Fluggesellschaft Oasis Hongkong, die unter anderem von Billig-Langstreckendiensten nach CGN geträumt hatte, jedoch im Jahr 2008 Insolvenz anmelden und den Flugbetrieb einstellen musste, ohne jemals auf dem Konrad-Adenauer-Airport gelandet zu sein.

Starke Fracht

Dennoch ist das Wachstum ungebrochen, und bis 2010 soll auch die Zwölf-Millionen-Grenze bei den Fluggastzahlen geknackt werden. Die Kapazitäten hierfür sind jedenfalls vorhanden, denn mit seinen beiden Terminals, insgesamt 86 Check-in-Schaltern, 55 Gates und 18 Fluggastbrücken könnte der Airport selbst 14 Millionen Passagiere pro Jahr verkraften. Doch ausruhen will man sich in Köln/Bonn nicht auf seinen Lorbeeren. So wird stattdessen Terminal 1 samt seiner Gepäcksortieranlage aufgewertet. Ein wichtiger Punkt dabei ist die Schaffung eines attraktiveren Shopping-Bereichs für die Passagiere, denn angeblich sollen vor allem die Fluggäste der Billigairlines an den Airports erheblich tiefer in die Tasche greifen als andere. Tatsache ist jedenfalls, dass das sogenannte Non-Aviation-Geschäft in CGN ebenfalls zugelegt hat und die für den Einzelhandel bereit gestellten Flächen innerhalb weniger Jahre um fast 200 Prozent vergrößert wurden.

Die Erfolgsgeschichte in Köln/Bonn endet jedoch nicht etwa im Passagebereich, sondern setzt sich hier nur fort. Denn traditionell hält CGN seit Jahrzehnten eine starke Stellung im Frachtgeschäft. An siebter Stelle steht der Airport hier im europäischen Vergleich, an zweiter deutschlandweit hinter Frankfurt. Allerdings bleibt CGN auch hier nicht ganz verschont von Rückschlägen. So wanderte beispielsweise schon im Jahr 1997 der Frachtspezialist TNT von Köln/Bonn ins belgische Lüttich aus, doch es dauerte nicht einmal ein Jahr, bis sich die Zahlen wieder erholt hatten. Und 2007 verlor der Airport einen Teil des Flugbetriebs von DHL und Lufthansa Cargo, die ihre Aktivitäten im Rahmen eines Joint-Ventures nach Leipzig/Halle verlegt hatten. Auf diese Weise wird nicht nur der vor Ort verzeichnete Frachtumschlag um über 20 Prozent sinken, sondern auch die Zahl der Nachtflüge rückläufig sein, was zumindest die Flughafenanwohner erfreuen dürfte. Immerhin ist der CGN rund um die Uhr geöffnet und fertigte 2007 über 38.000 Nachtflüge ab. Doch auch hier werden sich die Zahlen bald wieder erholen, weshalb der Bau eines neuen Cargo- und Speditionszentrums eingeleitet wurde. Denn nach wie vor ist hier Großkunde UPS ansässig, der für knapp 30 Prozent der Verkehrsleistungen sorgt. Auch der US-Integrator FedEx baut weiter aus und entwickelt den Airport als Drehscheibe für Zentral- und Osteuropa.

Der Flughafen Köln/Bonn wird nicht nur von der zivilen Luftfahrt genutzt, sondern auch von der Deutschen Luftwaffe, die westlich der Piste 14R/32L eine Kaserne mit 4.500 Soldaten und 1.500 zivilen Mitarbeitern unterhält. Dort sitzt auch die Flugbereitschaft des Bundesverteidigungsministeriums.

Im militärischen Bereich liegen auch die Wurzeln des Flughafens Köln/Bonn, der 1938 seine Tore als Fliegerhorst geöffnet hatte. Erst 1949 waren Gespräche über einen zivilen Flughafen an diesem Standort aufgekommen; immerhin war in Bonn die provisorische Hauptstadt der jungen Bundesrepublik Deutschland eingerichtet worden. Von der zivilen Luftfahrtbehörde der britischen Besatzungsmacht, Civil Aviation Board, British Element, erhielten die Städte Köln und Bonn für ein Jahr die Lizenz zur Nutzung der Flughafeneinrichtungen. Ende 1951 gingen diese Nutzungsrechte wieder an die Briten zurück, die daraufhin die zivilen Flugbewegungen vor Ort auf acht pro Woche beschränkten. Erst 1956 wurde diese Zahl auf 14 erhöht, und ab 1957 konnte sich in Köln/Bonn endlich ein uneingeschränkter ziviler Luftverkehr entfalten.

1965 wurde dann der Grundstein für ein neues Terminal gelegt, das nach einem „Drive-in"-Konzept mit dezentralem Abfertigungssystem angelegt worden war. Es ermöglichte die direkte Vorfahrt zu den sechs Gates, die wiederum jeweils über eigene Check-in-Schalter, Passkontrollstellen und Warteräume verfügten. 1970 konnte das Terminal in Betrieb genommen werden und der Flughafen seither unaufhaltsam wachsen – bis zu eben jenem Einbruch Anfang dieses Jahrtausends, der zugleich die erfolgreiche Wende und Wiedergeburt des Flughafens Köln/Bonn einläutete. ■

Fracht spielt in CGN eine große Rolle; immerhin steht der Airport in diesem Segment innerdeutsch hinter Frankfurt an zweiter Stelle und liegt im europäischen Vergleich auf Rang sieben. Der Luftfrachtspezialist FedEx beispielsweise unterhält in Köln/Bonn eine Basis, die als Drehscheibe für Zentral- und Osteuropa dient und zum zweitgrößten Standort des US-Integrators in Europa ausgebaut werden soll.

A380
AIRBUS A380
M

Flughafen München

Zweites Drehkreuz für den Kranich

Eigentlich passt alles am Flughafen München. Er ist der zweitgrößte Airport in Deutschland, die Nummer sieben in Europa, kann ein zehnprozentiges Passagierwachstum und Verbindungen in alle Welt aufweisen.

Nur die nach München funktioniert nicht. Die knapp 30 Kilometer südlich liegende Weltstadt mit Herz, die allein während des 16 Tage dauernden Oktoberfestes mehrere Millionen Besucher empfängt, verfügt über keinen vernünftigen Anschluss an dieses internationale Drehkreuz. Ein Autobahnzubringer ist vorhanden, auch eine S-Bahn-Verbindung gibt es, doch da die beiden S-Bahn-Linien an jeder Haltestelle stehen bleiben, dauert die Fahrt zwischen Airport und Münchener Innenstadt eben bis zu 40 Minuten. Und daran wird sich in absehbarer Zeit auch nichts ändern, denn der lange von den Flughafenbetreibern favorisierte Bau der Magnetschwebebahn Transrapid, die die Anfahrt auf zehn Minuten verkürzt hätte, wurde erst im März 2008 von der bayerischen Landesregierung aus Kostengründen gekippt.

Dabei wurde die Standortwahl weitab der City seinerzeit in bester Absicht vorgenommen, denn möglichst wenig Anwohner sollten unter der durch den neuen Flughafen entstehenden Lärmbelästigung zu leiden haben.

Erst 1992 wurde der Flughafen im Erdinger Moos eröffnet, nachdem sein Vorgänger München-Riem viel zu klein geworden war. Allerdings waren dem Bau des Airports jahrzehntelange Querelen voraus gegangen: Erst wurde jahrelang über den Standort gestritten, dann zog sich das Planfeststellungsverfahren, das 1979 – fast eine Dekade nach der Standortentscheidung – abgeschlossen werden konnte, über fünf Jahre hin. Zu guter Letzt erzielten Flughafengegner 1981 einen vierjährigen Baustopp. Und weil der Flughafen weitgehend so gebaut werden musste, wie im Planfeststellungsantrag von 1974 beschrieben, konnten nachträglich kaum noch Änderungen vorgenommen werden.

Links: Terminal 2 verfügt über mehrere Gates, die auf das größte Flugzeug der Welt, die A380, ausgelegt sind.

Nördlich der Piste 26R/07L soll bis 2011 eine dritte Start- und Landebahn das zeitweise an der Kapazitätsgrenze arbeitende Runwaysystem in MUC entlasten.

Flughafen München

Eröffnet	1939 München-Riem 1992 Flughafen München Franz Josef Strauß
IATA-Code	MUC
Eigentümer	Freistaat Bayern (51 %), Bundesrepublik Deutschland (26 %), Stadt München (23%)
Betreibergesellschaft	Flughafen München GmbH (FMG)
Heimatfluggesellschaft	Deutsche Lufhansa
Geograph. Lage	48°21'17"N, 11°47'15"O
Höhe über NN	448 m
Fläche	1.500 ha
Flughafenmitarbeiter	28.000
Passagiere	33.959.422
Flugbewegungen	431.815
Fracht	265.607 t
Start- und Landebahnen	26R CAT IIIb/08L CAT IIIb, 4.000 m 26L CAT IIIb/08R CAT IIIb, 4.000 m
Terminals	2
Gates	208
Flugzeugparkpositionen	207
Betriebszeiten	24 h
Homepage	www.munich-airport.de

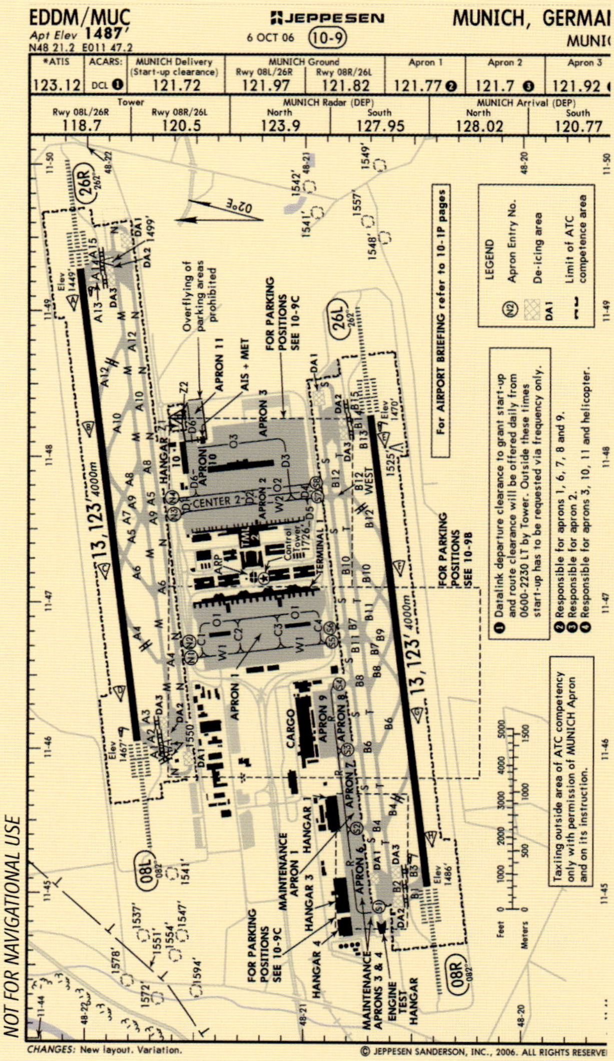

Das hat heute so manchen Nachteil, denn Terminal 1, an dem heute über 80 Fluggesellschaften angesiedelt sind, ist anzusehen, dass es vor mehr als 30 Jahren geplant worden ist. Die Abflugbereiche A bis F verfügen jeweils über eigene Abfertigungseinrichtungen – sowohl Check-in als auch Ankunft –, getreu der in den sechziger und siebziger Jahren vorherrschenden Idee der Flughafenplaner, den Passagieren so kurze Wege wie möglich vom Auto zum Flugzeug zu bescheren. Die Drehkreuzfunktion heutiger Großflughäfen war damals noch weitgehend unbekannt. Gänzlich anders dagegen wurde das Schwesterterminal konzipiert, das über eine zentrale Check-in-Halle verfügt. Davor gelagert ist ein

980 Meter langer Pier mit auf zwei Geschossebenen nach Schengen- und Nicht-Schengen-Ländern getrennten Abflugbereichen. Dies kommt der Umsteigefunktion – rund 35 Prozent der Passagiere in MUC sind Transferreisende – des Terminals entgegen, denn als solches wurde es angelegt. Unter anderem übrigens von der Deutschen Lufthansa, die hier ihr zweites deutsches Drehkreuz eingerichtet hat, da die Wachstumsmöglichkeiten an ihrem Heimatflughafen Frankfurt begrenzt sind. Gemeinsam mit der Flughafenbetreibergesellschaft FMG hat sie das zweite Terminal vor Ort geplant und errichtet, das nach vierjähriger Bauzeit im Jahre 2003 eingeweiht wurde und seither von einer gemeinsamen Gesellschaft gemanagt wird. Damit ist in Deutschland erstmals eine Fluggesellschaft am Betrieb eines Terminals beteiligt. So ist auch nur allzu selbstverständlich, dass ausschließlich die Lufthansa und ihre Partnerfluggesellschaften das neue Terminal nutzen.

Rund 65 Prozent aller in MUC abgefertigten Fluggäste wanderten nach dem Umzug der über 20 Fluggesellschaften in Terminal 2 mit, wodurch in T1 endlich wieder Platz geschaffen wurde. Bei einer Kapazität von 25 Millionen Passagieren pro Jahr war dieses zuletzt phasenweise überlaufen, während es heute nur von etwas über zehn Millionen Reisenden genutzt wird. T2 selbst kann ebenfalls bis zu 25 Millionen Fluggäste jährlich aufnehmen und ist bereits nahezu ausgelastet. Doch ein 600 Meter langer Gebäuderiegel, der vor dem Terminal als Gepäcksortieranlage genutzt wird, kann – so ist es bereits im Masterplan vorgesehen – zum Satelliten umfunktioniert werden, um Kapazitäten für bis zu 17 Millionen weitere Fluggäste zu schaffen. Das Gebäude ist durch Tunnel mit T2 verbunden, die von Anfang an für die Einrichtung eines Personentransportsystems ausgelegt worden sind.

Als Übergang zwischen den beiden Abfertigungskomplexen war 1999 das Munich Airport Center (MAC) eröffnet worden, das zugleich als Shopping-, Dienstleistungs- und Kommunikationszentrum des Flughafens dient. Mit seinen 10.000 Quadratmetern überdachter Fläche wird es als Veranstaltungsort für Konzerte, Vernissagen, Modenschauen, Flohmärkte, Ausstellungen und vieles mehr genutzt, und für Flug-

Links unten: Terminal 1 wird heute unter anderem von zahlreichen Billigfluggesellschaften genutzt.

Eines der Wahrzeichen des Münchner Flughafens ist das gewellte Dach des MAC, das sich neben dem Tower und den beiden Terminals erhebt.

MUC ist der zweitgrößte Flughafen Deutschlands. Von hier aus werden von 106 Fluggesellschaften über 244 Ziele in 73 Ländern auf (fast) allen Kontinenten nonstop angeflogen.

gäste wie Besucher ist es ein willkommener Platz zur Erholung, dessen Biergarten mit eigener Brauerei stets gut besucht ist. Der gesamte Terminalkomplex wiederum befindet sich zwischen zwei parallel versetzten Start- und Landebahnen, die Simultanbetrieb erlauben. Und genau beim Runwaysystem drohen jetzt die nächsten Engpässe. Im Jahr 2007 verzeichnete MUC knapp 432.000 Flugbewegungen, und im Sommer 2008 waren die Pisten bereits zu 80 Prozent der Betriebszeit voll ausgelastet; weitere Flüge können kaum noch untergebracht werden. Deshalb wurden schon im Juli 2005 Planungen für den Bau einer dritten Runway bekannt gegeben, die die Kapazitäten um ein Drittel von 90 auf 120 stündliche Flugbewegungen erhöhen soll. Das nötige Raumordnungsverfahren für die vier Kilometer lange Parallelpiste, die nördlich des bestehenden Bahnsystems mit einem Abstand von 1.180 Metern zur Nordbahn und einem Schwellenversatz Richtung Osten von 2.100 Metern geplant ist, wurde im Sommer 2007 abgeschlossen, so dass die Verantwortlichen die Fertigstellung der Runway für das Jahr 2011 anstreben.

Immerhin war das Passagieraufkommen in München zumindest im Jahr 2007 stärker gewachsen als die Zahl der Flugbewegungen, woraus sich schließen lässt, dass einerseits größere Flugzeuge eingesetzt werden und andererseits auch deren Auslastung höher ist. Damit korrespondiert die zunehmende Bedeutung des Interkontinentalverkehrs, wobei die Zahl der Langstreckenflüge um knapp elf Prozent – 61 verschiedene Interkontverbindungen weist der Münchener Flugplan aus – zugenommen hat. Insgesamt kann man von dem Airport im Erdinger Moos mit 106 Airlines aus aller Welt zu 244 Zielen in 73 Ländern fliegen, und mit seinen mittlerweile 34 Millionen Fluggästen steht MUC im weltweiten Vergleich auf Platz 28. ■

Oben: Das überdachte Munich Airport Center (MAC) verbindet die beiden Terminals 1 und 2.

Terminal 2 ist das erste Abfertigungsgebäude in Deutschland, das ein Airport gemeinsam mit einer Fluggesellschaft – der Deutschen Lufthansa – plante, errichtete und betreibt.

BILLA
FLUGHAFEN WIEN

Flughafen Wien

Neue Horizonte

Die Geschichte der Luftfahrt in der österreichischen Hauptstadt ist wesentlich älter als die ihres heutigen Flughafens. Denn mit dem Flugfeld Aspern hatte Wien bereits im Sommer 1912 einen modernen Lufthafen am östlichen Stadtrand erhalten. Allerdings diente er der Wiener Zivilluftfahrt nur zwei Jahre lang, denn 1914, nach dem Ausbruch des Ersten Weltkrieges, wurde er von den Militärs übernommen und erst 1920 wieder für den zivilen und internationalen Flugverkehr ausgebaut. Nach dem Anschluss Österreichs an das Deutsche Reich im Jahre 1938 musste Aspern erneut als Luftwaffenstützpunkt herhalten, um nach dem Zweiten Weltkrieg dann vom Österreichischen Aero-Club übernommen zu werden. Allerdings war ihm auch da keine große Zukunft beschieden, und Aspern endete im Prinzip so, wie manch anderer Flughafen begonnen hatte: als Autorennstrecke.

Dieses Schicksal teilt der heutige Wiener Flughafen ganz gewiss nicht. Schwechat war 1938 als Luftwaffenstützpunkt errichtet worden, während des Zweiten Weltkriegs zunächst von der Jagdfliegerschule 5 sowie von den Heinkel Flugzeugwerken genutzt und ab 1944 sogar als Konzentrationslager missbraucht worden; die Häftlinge mussten in den Heinkel-Werken sowie in einer nahe gelegenen Brauerei arbeiten. Erst nach dem Zweiten Weltkrieg konnte der Platz endlich seiner eigentlichen Bestimmung zugeführt werden: als ziviler Flughafen für die Hauptstadtregion und Nachfolger für das alte Aspern. Die 1950er- und 60er-Jahre standen im Zeichen des Aufbruchs: Die einzige Start- und Landebahn wurde auf 3.000 Meter verlängert, ein neues Terminal

Im Anschluss an das schneckenförmige Terminal 2 erstreckt sich die Sichel von Skylink, einem neuen Abfertigungsgebäude, das 2009 in Betrieb gehen soll.

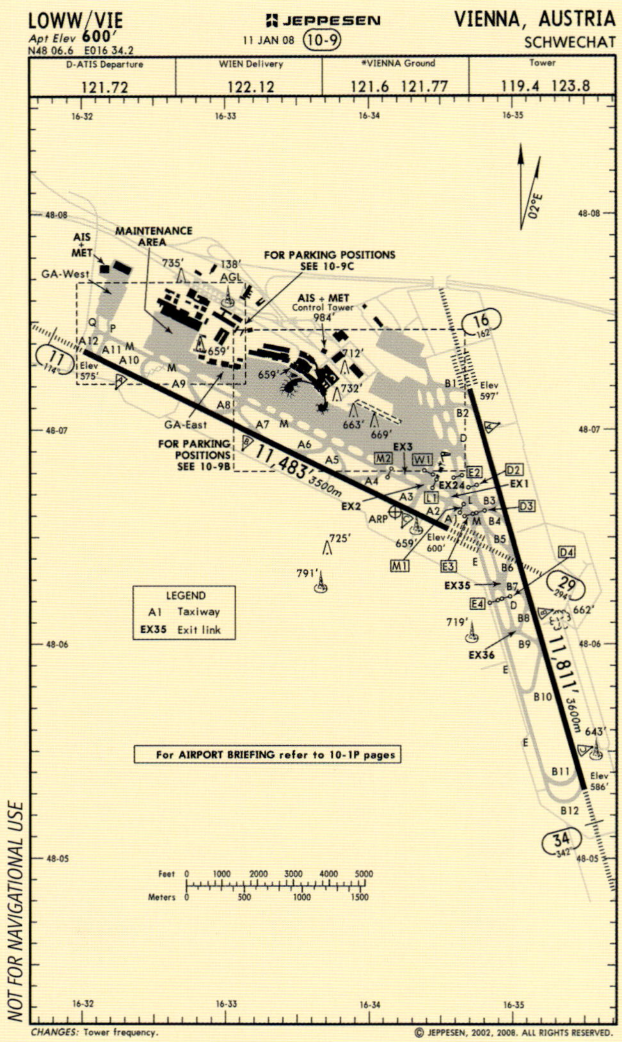

Flughafen Wien	
Eröffnet	1938
IATA-Code	VIE
Eigentümer	50 % Aktien Streubesitz, 20 % Stadt Wien, 20 % Land Niederösterreich, 10 % Mitarbeiterstiftung
Betreibergesellschaft	Flughafen Wien AG
Heimatfluggesellschaft	Austrian Airlines Group
Geograph. Lage	48°06'37"N, 16°34'11"O
Höhe über NN	182 m
Fläche	1.050 ha
Flughafenmitarbeiter	18.000 am Standort
Passagiere	18.768.468
Flugbewegungen	272.362
Fracht	254.870 t
Start- und Landebahnen	16 CAT IIIb/34 CAT I, 3.600 m, 11 CAT I/29 CAT II, 3.500 m
Terminals	3
Gates	56
Flugzeugparkpositionen	84
Betriebszeiten	24 h
Homepage	www.viennaairport.com

entstand, eine zweite Runway konnte 1977 in Betrieb genommen werden. Die Heimatfluggesellschaft Austrian Airlines konzentrierte sich während dieser Jahre als Verbindungsglied zwischen Ost und West auf den Verkehr nach Osteuropa, eine Rolle, die ihr unter anderem wegen der Neutralität Österreichs während des „Kalten Krieges" zufiel, auf Kurz- und Mittelstrecken- sowie Charterziele im Mittelmeerraum und im Nahen Osten.

Die Öffnung des Eisernen Vorhangs schuf sowohl für Austrian Airlines als auch für den Flughafen neue Möglichkeiten. Das Einzugsgebiet erweiterte sich über Nacht um rund 14 Millionen potentielle Passagiere. Allerdings wuchs auch die Konkurrenz in Gestalt der relativ nahe liegenden Flughäfen von Budapest, Bratislava oder Prag.

VIE entwickelte sich dennoch zu einer Drehscheibe Richtung Osten. Zahlreiche Unternehmen, deren Fokus im osteuropäischen Raum liegt, verstärkten ihre Aktivitäten vor Ort, was sich vor allem im Fracht- und Logistikbereich bemerkbar macht. Aber auch der Passagierverkehr nahm zu, nicht zuletzt deshalb, weil Austrian Airlines verschiedene Langstreckendienste, u. a. über Moskau nach Tokio oder nonstop nach New York, einrichtete. Im Gegenzug entdeckten auch internationale Airlines den österreichischen Flughafen als Destination. Und so steuern heute rund 68 Fluggesellschaften 192 Ziele in aller Welt ab VIE – so lautet der IATA-Code – an, darunter Singapore Airlines, Emirates Airline oder Delta Air Lines. Genauso hat sich Schwechat im Billigflugsegment profiliert und kann die slowakische SkyEurope ebenso zu seinen regelmäßigen Besuchern zählen wie die britische easyJet.

Aus Platzmangel und um die beiden bestehenden Terminals zu entlasten, wurde für die Low-Cost-Airlines im Jahr 2005 eine gesonderte Abfertigungseinrichtung geschaffen: Gegenüber von Terminal 1 entstand auf einem Parkdeck das Terminal 1A mit 22 Check-in- und einem Großgepäckschalter. Doch die Zeit dieses Provisoriums geht bald zu Ende, denn Anfang 2009 soll mit „Skylink“ ein neues Abfertigungsgebäude in Betrieb genommen werden, dass die Zukunft der Drehscheibe Wien bis 2015 sichert. Dann rechnet die Betriebsgesellschaft Flughafen Wien AG, 1954 gegründet und seit 1992 an der Börse gelistet, mit 29 Millionen jährlichen Fluggästen. Das Jahr 2007 sicherte dem Airport mit 18,8 Millionen Passagieren, davon rund 31 Prozent Umsteiger, immerhin Platz 20 im europäischen Flughafen-Ranking.

Skylink erhöht Wiens Jahreskapazität zunächst auf 24 Millionen Fluggäste und wird neben dem neuen, 109 Meter hohen Kontrollturm – der bereits 2006 in Betrieb ging und einer der höchsten Europas ist – das neue Wahrzeichen des Wiener Flughafens. Es schließt sich in Richtung Nordosten sichelförmig an das Terminal 2 an und weist einen Pier Süd mit 51 Gates und 17 gebäudenahen Flugzeugparkpositionen – davon fünf für die A380 – sowie im Ankunftsbereich zehn Gepäckbänder auf. In einer weiteren Bauphase ist zusätzlich ein Pier Nord vorgesehen. Ein VIP- und Businesscenter, ein neuer Flughafenbahnhof, Office Park I und II sowie ein neues Zentrum für die Allgemeine Luftfahrt und ein bereits 2006 in Betrieb genommenes großes Air Cargo Center runden das Ausbauprogramm ab, das Schwechat für die Zukunft rüsten soll.

Bleibt das Start- und Landebahnsystem, das zeitweise bereits an der Kapazitätsgrenze arbeitet. Die beiden sich kreuzenden Pisten 11/29 und 16/34 gestatten nur einen stark eingeschränkten und wetterabhängigen Simultanbetrieb (Starts auf der Piste 29, Landungen auf der 16) und begrenzen die Zahl der Flugbewegungen auf 72 pro Stunde. Daher hofft man in Wien, Ende 2009 mit dem Bau einer dritten, 3.680 Meter langen Runway 11R/29L beginnen zu können, die 2.400 Meter südlich der bestehenden Bahn 11/29 und 2.600 Meter westlich der gedachten Verlängerung der bestehenden Piste 16/34 angesiedelt wird.

Der Bau dieser neuen Start- und Landebahn hätte durchaus noch ein gutes Jahrzehnt aufgeschoben werden können, wäre es nach der Flughafen Wien AG gegangen. Diese setzt nämlich nicht nur auf die eigenen Kapazitäten vor Ort, sondern auch auf diverse Beteiligungen, unter anderem an den Flughäfen Malta, Kosice in der Slowakei sowie Friedrichshafen. Eine Beteiligung hätte sie sich auch am Flughafen der slowakischen Hauptstadt Bratislava gewünscht, um so ein sich ergänzendes Airport-System und damit freie Kapazitäten in VIE zu schaffen. Die slowakische Regierung stoppte die Privatisierung jedoch in letzter Minute, weshalb man in Wien unversehens in Zugzwang geraten ist.

Doch auch so ist der Flughafen gut aufgestellt. Ein im europäischen Schnitt überdurchschnittliches Wachstum von 11 Prozent und das noch ausbaufähige Langstreckennetz sichern dem Airport wohl auch künftig eine positive Entwicklung. Die meistfrequentierten Destinationen ab VIE sind übrigens auf der Langstrecke Bangkok und Washington, während innereuropäisch Frankfurt, Paris und London sowie in Richtung Osten Moskau führend sind. ■

Links unten: Der Kontrollturm ist seit seiner Eröffnung im Jahr 2006 das neue Wahrzeichen des Flughafens Wien.

Der Flughafen Wien verfügt, wie es sich für eine Verkehrsdrehscheibe gehört, über zahlreiche verlockende Einkaufsmöglichkeiten.

Flughafen Zürich

Strenge Nachtruhe

Nach jahrelangen Diskussionen ist er nun vom Tisch, der gekröpfte Nordanflug mit all den damit zusammenhängenden Problemen. Seit Jahrzehnten wird zwischen Deutschland und der Schweiz gestritten, wann und wie oft Anflüge auf den Flughafen Zürich-Kloten über deutsches Staatsgebiet geführt werden dürfen. Denn der größte Schweizer Airport liegt nur zwölf Kilometer südlich der deutschen Grenze, und Anflüge auf die Piste 14 erfolgen nun einmal aus Richtung Norden. Um die deutschen Anwohner zu schützen, dürfen diese regulären Anflüge nur zwischen 7.00 und 21.00 Uhr erfolgen, an Wochenenden und Feiertagen sind es noch einmal drei Stunden weniger. Während der Sperrstunden muss der Anflug also aus anderen Richtungen über dicht besiedeltem Schweizer Gebiet abgewickelt werden, worüber wiederum die Eidgenossen nicht glücklich sind und eingangs erwähnten gekröpften Nordanflug ins Spiel gebracht haben. Dieser Nicht-Präzisionsanflug sah vor, dass die Flugzeuge südlich der deutschen Grenze entlang fliegen und kurz vor der Landung auf die Nordbahn eindrehen. Wegen des tieferen Sicherheitsniveaus gegenüber den Instrumenten-Landeverfahren wurde das Ganze nun gekippt, und die Diskussion um ein für alle Beteiligten genehmes Anflugverfahren gehen weiter.

Damit nicht genug, gibt es für ZRH, wie der IATA-Code für den Flughafen Zürich lautet, auch ein Nachtflugverbot zwischen 0.30 Uhr und sechs Uhr, und derartige Beschränkungen erfreuen in der Regel weder Flughafenbetreiber noch Heimatfluggesellschaft. Diese sind in diesem Falle Unique auf der einen und Swiss auf der anderen Seite, die selbstverständlich wünscht, dass ihr Drehkreuz sich dreht und nicht stillsteht.

Umgekehrt will natürlich auch Unique, dass ihr größter Kunde Swiss prosperiert, denn noch ist in allzu schmerzlicher Erinnerung, wie stark Wohl und Wehe von Airline und Airport miteinander verknüpft sind. Als im Oktober 2001 die alte Swissair den Betrieb einstellte, brachen in der Folgezeit am Flughafen die Umsätze um 30 bis 40 Prozent ein. Dabei befand sich Kloten gerade inmitten eines zwei Milliarden Schweizer Franken teuren Ausbauprogramms, das unter anderem den Bau von Dock E, ein Satellitengebäude im Dreieck zwischen den Pisten, und des Airside Centers, ein Verbindungsbau zwischen den beiden Dock A und B genannten Abflughallen, vorsah. Dock E und Airside

Swiss zeichnet als Heimatfluggesellschaft in Kloten für rund 55 Prozent des Verkehrsaufkommens verantwortlich.

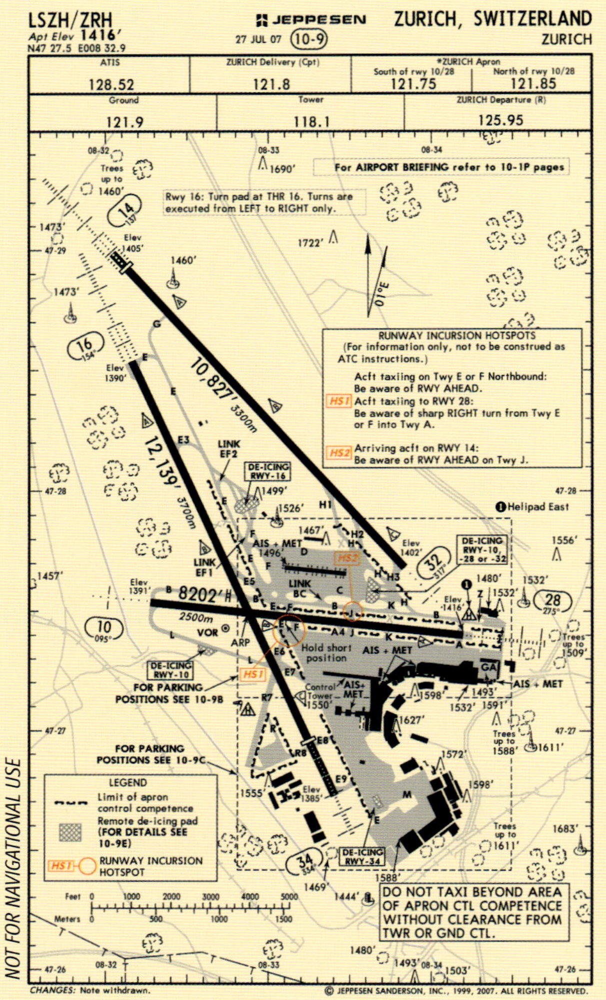

Flughafen Zürich

Eröffnet	August 1953
IATA-Code	ZRH
Eigentümer	Kanton Zürich 45,60 %, Stadt Zürich 5,38 %, Kleinaktionäre 49,02 %
Betreibergesellschaft	Unique (Flughafen Zürich AG)
Heimatfluggesellschaft	Swiss International
Geograph. Lage	47°27'30"N, 08°32'53"O
Höhe über NN	422 m
Fläche	880 ha
Flughafenmitarbeiter	ca. 24.000
Passagiere	20.686.986
Flugbewegungen	268.537
Fracht	290.653 t
Start- und Landebahnen	16 Cat IIIa/34 Cat I, 3.700 m; 14 Cat IIIa/32, 3.300 m; 10/28 Cat II, 2.500 m
Terminals	1 (drei Docks A, B und E)
Gates	61 (davon 37 Dock- und 24 Busgates)
Flugzeugparkpositionen	108 (davon 50 offene Standplätze für Linien-, Charter- und Low-Cost-Abfertigung)
Betriebszeiten	6.00 bis 00.30 Uhr
Homepage	www.flughafen-zuerich.ch www.unique.ch

Center sind über die unterirdische Luftkissenseilbahn Skymetro miteinander verbunden. Über Nacht verlor der Airport fast seine Existenzgrundlage, in Folge mussten Mitarbeiter entlassen und Lohnkürzungen vorgenommen, die Gebühren erhöht und Dock B still gelegt werden. Von Sommer 2005 bis Ende 2007 wurde B dann einer ganz anderen Aufgabe zugeführt: Zum „Eventdock“ umgebaut, konnte es für Veranstaltungen jeglicher Art gemietet werden. Inzwischen wird es wieder modifiziert, um Ende 2009 erneut in den Flugbetrieb integriert zu werden. Das Ausbauprogramm war 2004 abgeschlossen, so dass der Flughafen neben seinen drei Pisten über einen zentralen Terminalkomplex mit

Das Airside Center, das im Jahr 2004 eingeweiht wurde, verbindet luftseitig die Docks A und B und gilt als Wahrzeichen des Flughafens Zürich.

drei Docks, ein Frachtzentrum sowie eine Schienenanbindung an die Stadt verfügt. Das alles zusammen bietet Kapazitäten für über 30 Millionen Fluggäste und 350.000 Flugbewegungen pro Jahr.

2007 lag das Passagieraufkommen in Kloten immerhin wieder bei knapp 20,7 Millionen Reisenden. Das sind immer noch weniger als im letzten Lebensjahr der Swissair, die zum Großteil für die damals gezählten 22,7 Millionen Passagiere verantwortlich war, doch das Wachstum kehrt seit einigen Jahren nach Zürich zurück. So hat Swiss, die einen Marktanteil von 55 Prozent in Kloten hält, fast ihre gesamte Langstreckenflotte an diesem Hub stationiert. Zweitgrößter Carrier ist übrigens noch vor der Deutschen Lufthansa, unter deren Dach Swiss ja immerhin fliegt, Air Berlin, Nummer vier British Airways. Insgesamt fliegen 72 Fluggesellschaften aus 64 Ländern zu 159 Zielen ab Zürich.

Doch damit der Airport nicht wieder ganz so abhängig von seiner Heimatfluggesellschaft wird, wie dies im Falle der Swissair war, hat die Betreiberin Unique ihre Geschäftsstrategie ein wenig geändert. Inzwischen werden rund 40 Prozent des Umsatzes durch das sogenannte Non-Aviation-Geschäft erzielt: Das Airport Shopping Center ist eines der größten in der Schweiz, Event-Dock sorgte ebenfalls für gute Einnahmen, und die Mieten und Pachten für die Immobilien vor Ort sowie die Nutzungsentgelte für die Airlines suchen durchaus ihresgleichen.

Im Gegenzug sorgt Unique dafür, dass die Infrastruktur den Erfordernissen angepasst bleibt. So müssen derzeit Um- und Neubauten vorgenommen werden, um die strikte Trennung von Schengen- und Nicht-Schengen-Passagieren zu gewährleisten; unter anderem wird eben auch Dock B zur fliegerischen Nutzung reaktiviert. Zudem sollen die Sicherheitskontrollen zentralisiert werden, weshalb bis Ende 2009 vor dem Airside Center eine entsprechende Einrichtung entsteht.

Auch das Runway-System – die drei Start- und Landebahnen bilden ein schiefes Dreieck – soll überarbeitet werden, doch erst im Juli 2008 wurde der Bau einer Parallelpiste zur Bahn 34 abgelehnt; so bleibt zumindest die Möglichkeit einer Verlängerung der Piste 28. Die Anlage der Start- und Landebahn wurde zuletzt im Jahr 1976 verändert, als die 14/32 in Betrieb genommen worden ist. Die beiden anderen – 16/34 und 10/28 – waren bereits beim Bau des Airports Ende der 1940er-Jahre angelegt worden.

Seit den 1930er-Jahren war der zivile Luftverkehr in Zürich auf dem militärisch genutzten Flugfeld in Dübendorf nordöstlich der Stadt angesiedelt. Jedoch wünschte der Zürcher Regierungsrat eine Trennung von militärischer und ziviler Luftfahrt, so dass Mitte der 40er-Jahre Kloten zum Standort des neuen internationalen Flughafens ausgewählt wurde. 1948 erfolgte die provisorische Betriebsaufnahme, doch erst 1953, nach Fertigstellung des ersten Passagierterminals, wurde der Airport offiziell eröffnet. In den Folgejahren wurden die beiden bestehenden Bahnen wiederholt verlängert, und 1975 erhielt ZRH das erste Abfertigungsgebäude, das auch heute noch das Gesicht des Flughafens prägt: Dock B. Ein Jahrzehnt später folgte Dock A und 2002, in der schlimmsten Krise der Schweizer Luftfahrt, konnte Dock E in Betrieb genommen werden.

Heute zählt Zürich laut Passagierbefragungen zu den besten Flughäfen der Welt, nach den Passagierzahlen steht er weltweit an 62. Stelle und europaweit immerhin noch auf Platz 18. Einzig mit dem Frachtgeschäft kann ZRH nicht punkten, doch welche Airline, welcher Logistiker will an einem Flughafen, der in den Nachtstunden gesperrt ist, schon seine Expressgüter umschlagen? ■

Links: Dock E wurde 2002 in Betrieb genommen und liegt inmitten der Start- und Landebahnen. Durch eine unterirdische Luftkissenseilbahn ist es mit den anderen Terminals verbunden.

Exotische Plätze in traumhafter Landschaft

Wüste, Berge, Palmen & Meer

Luftverkehr ist heute existentiell. Vor allem in abgelegenen Gegenden, mögen sie sich in Wüsten, im Hochgebirge oder mitten im Ozean befinden. Denn die Menschen wollen überall versorgt werden, und zwar nicht nur mit Luxusgütern, sondern vor allem mit lebenswichtigen Dingen, die es unter Umständen in ihrer Heimat gar nicht gibt oder die dort nur schwer zu bekommen sind; man denke an frisches Obst in mehreren Tausend Metern Höhe oder an Betonmischer auf nur wenigen Quadratkilometern kleinen Inselchen. Es sind vor allem diese Gegenden – unwirtlich oder tropisch, hochalpin oder auf Meereshöhe –, die erst seit wenigen Jahrzehnten erschlossen wurden und werden, weil sie von einer zunehmenden Masse von Besuchern frequentiert werden. Den Anfang machten die Abenteurer, diejenigen, die dorthin wollten, wo eigentlich nichts ist außer eine atemberaubende Landschaft. Dann kamen die Nachahmer, das Angebot passte sich der Nachfrage an, Infrastruktur entstand und mit den Flugzeugen und Flughäfen kamen immer mehr Reisende. Irgendwann waren die Besucher keine vereinzelten Weltenbummler mehr, sondern traten in Scharen als Touristen auf. Dennoch haben sich viele der von ihnen bereisten Gegenden ihren ursprünglichen Charme bewahrt, sind die Landschaften, in denen kleine und kleinste Airports entstanden, nach wie vor unverbaut, liegen viele Flugplätze bis heute an nur schwer erreichbaren, weit entfernten Traumzielen.

Сибирь
RA-85673

Scharm al-Scheich

Platz an der Sonne

Er dürfte unzähligen Urlaubern bekannt sein, der Flughafen von Scharm al-Scheich (in der englischen Transkription Sharm el-Sheikh). Und nicht wenigen dürfte er in schlechter Erinnerung sein, war doch seine Infrastruktur bis vor drei Jahren eher von orientalischem Laisser-faire geprägt: Das Terminal klein, ohne Klimaanlage, die drei Einreise- und Passkontrollstellen zu zwei Dritteln unbesetzt, die Ankunftshalle überfüllt, die zwei Gepäckbänder heillos überlastet. Im Abflugbereich sah es nicht viel besser aus: Auch hier gab es Schlangen am Check-in, gleiches vor den zwei Passkontrollen, und an den drei Gates stauten sich die Menschen erneut, bei 40 Grad Celsius im Schatten.

Doch das ist seit Sommer 2007 Vergangenheit. Im Mai nämlich wurde ein neues Terminal in Betrieb

Links: S7 Airlines bringt russische Urlauber mit Tupolew TU-154M in das Taucherparadies am Roten Meer.

Das neue Fluggastgebäude am zweitgrößten ägyptischen Flughafen nimmt alle Inlands- und Linienflüge auf.

Rund ein Drittel aller Urlauber in Scharm al-Scheich kommen aus der GUS, so wie die Insassen dieser Boeing 757 der Moskauer VIM Airlines.

genommen. Dessen äußere Form spiegelt die Landschaft wider, in der es steht. Das Dach gemahnt an die Form der Beduinenzelte, aus der Vogelperspektive dagegen erinnern die Umrisse des mittleren Gebäudeteils an einen Schiffsrumpf; immerhin steht das Terminal – wenn auch mitten in der Wüste – in Sichtweite des Roten Meeres. Verantwortlich für die Änderungen ist die französische Flughafenbetreiberin Aéroports de Paris (ADP) bzw. deren Tochter ADP Management, die 2004 die Konzessionen zum Betrieb und Ausbau von insgesamt fünf ägyptischen Flughäfen erhielt: Scharm al-Scheich, Luxor, Assuan, Abu Simbel und Hurghada.

Schon bald nach Übernahme der Geschäfte hatte sie begonnen, das alte Terminal zu renovieren und auf internationalen Standard inklusive Duty-Free-Shops, Souvenirgeschäften, Snackbars etc. zu bringen. Vor allem konnten die neuralgischen Punkte wie Zoll- und Einreiseschalter, Gepäckbänder sowie Check-in und Sicherheitskontrollbereiche entschärft, weil vergrößert werden. Denn im „neuen alten" Terminal wird nach wie vor der internationale Charterverkehr abgewickelt, während das neue Abfertigungsgebäude alle Inlands- und Linienflüge sowie einige Charterdienste aufnimmt. Auf einer Fläche von 43.000 Quadratmetern offeriert es den Reisenden Boutiquen, Bars, Restaurants, 40 Check-in-Schalter, sieben Gates und VIP-Bereich. Es verfügt über eine Kapazität von 4,5 Millionen Passagieren pro Jahr bzw. 2.500 pro Stunde; das alte Terminal kann jährlich drei Millionen Fluggäste aufnehmen, so dass der Airport jetzt auf 7,5 Millionen Besucher ausgelegt ist. Allerdings wurde er bereits im Jahr 2007 von 6.424.851 Fluggästen frequentiert, was einem Wachstum um 27 Prozent gegenüber dem Jahr 2006 entspricht, und konnte rund 40.000 Flugbewegungen verzeichnen.

Seine Karriere startete der damals Ophira genannte Flughafen als israelischer Luftwaffenstützpunkt nach dem Sechs-Tage-Krieg, nach dem Israel die Halbinsel Sinai besetzt hielt. Nicht zuletzt wegen seiner kriegerischen Vergangenheit verfügt der Airport heute über

zwei jeweils 3.081 Meter lange parallele Start und Landebahnen mit der Ausrichtung 04/22. Nach der Rückgabe des Sinai an Ägypten Anfang der 1980er-Jahre wurde der Militärflughafen zivilen Zwecken zugeführt und ist heute der zweitgrößte Airport des Landes. Und vermutlich der internationalste, denn über 90 Prozent seiner Passagiere sind Touristen. Immerhin wird er von gut 100 Fluggesellschaften aus drei Kontinenten angeflogen.

Allerdings ist hier eine gravierende Verschiebung zu beobachten. Denn während noch vor wenigen Jahren die meisten Urlauber, nämlich fast ein Drittel, aus dem deutschsprachigen Raum kamen, halten inzwischen die russischen Fluggesellschaften wie Rossija, S7 Airlines oder Transaero, die gar mit dem Jumbojet einfliegt, mit einem Drittel aller Passagiere vor Ort die Pole Position.

Von Bedeutung sind in Scharm al-Scheich aber auch die Fluggesellschaften aus der Region wie Royal Jordanian, Jazeera oder Kuwait Airways und allen voran natürlich EgyptAir. Die durchschnittliche Flugstrecke ab SSH – so das IATA-Kürzel des Flughafens – soll übrigens knapp 3.000 Kilometer betragen. Zu unterschätzen ist dabei allerdings nicht der Shuttle in die ägyptische Hauptstadt. Alle zwei Stunden startet ein Flug der EgyptAir Express nach Kairo, fünfmal am Tag geht es nach Hurghada.

Da ist die Strecke vom Airport zu den Hotelburgen am Strand schon kürzer: Gut einen Kilometer ist die Stadt Scharm al-Scheich entfernt. Und sie ist tatsächlich eine arabische Stadt, denn im Gegensatz zu den meisten anderen Touristenzentren am Roten Meer kann der Ort auf eine lange Geschichte zurückblicken: Schon im 18. Jahrhundert war das Fischerdorf auf europäischen Seekarten verzeichnet. Allerdings erlebte Scharm al-Scheich seinen Aufschwung erst in den 1990-Jahren, als sonnenhungrige (Nord-)Europäer die ganzjährigen Tauch- und Schnorchlerparadiese im Roten Meer entdeckten und aus dem verträumten Fischernest den teuersten Badeort Ägyptens machten. ■

Wüste, Berge, Palmen und Meer können die Fluggäste in Scharm al-Scheich auf einen Blick genießen, so auch die Passagiere dieser A321 von SAS.

Samui Airport

Unter Palmendächern

Bangkok Airways, Eignerin und Betreiberin des kleinen Flughafens, kann seit der Pistenverlängerung auch ihre A319 nach Samui einsetzen, während Thai Airways mit Boeing 737 einschwebt. Zuvor war nur der Betrieb mit Turboprops wie der ATR 72 oder mit kleinen Jets wie der 717 möglich gewesen.

Koh Samui ist ein einziger Urlaubertraum. Rund 480 Kilometer südlich von Bangkok im Golf von Thailand gelegen, erhebt sich der grüne, palmenbewachsene Buckel des 254 Quadratkilometer großen Eilands aus dem Meer. Hier, an dessen traumhaft schönen Palmenstränden, suchen jährlich etwas über eine Million Menschen Erholung, Ruhe und Exotik – Tendenz steigend. Von denen wiederum scheuen etwa 70 Prozent die anstrengende Anreise auf dem Land- und Seeweg und ziehen den nicht einmal anderthalb Stunden dauernden Flug ab Bangkok vor.

Und in der Tat, der Urlaub beginnt hier wirklich schon am Flughafen der Insel (nichts anderes bedeutet das Wörtchen „Koh“) Samui. Denn genau das haben sich die Betreiber des idyllischen Airports auf die Fahnen geschrieben und die gesamte Anlage wie ein Ferienressort im Palmenhain gestaltet. Das beginnt schon mit dem Transport vom Flugzeug zum Terminal. Kleine bunt bemalte Busse mit der Anmutung einer gemütlichen Bimmelbahn, die zwar über ein Dach, nicht aber über Fenster oder Türen verfügt, spucken die Passagiere vor mehreren offenen, hölzernen und palmgedeckten Pavillons aus. Der größte ist natürlich die Check-in-Halle mit 16 Schaltern. Von dort aus führt eine von Restaurants und Geschäften gesäumte kleine Straße zu den einzelnen Gates bzw. nicht Abflughallen, sondern Abflughäuschen – drei für nationale und eines für internationale Flüge. Daran wiederum schließen sich die zwei Ankunftsgebäude, ebenfalls nach national und international getrennt, an.

Siem Reap Air
HS-PGX
Hiroshima

Siem Reap Air
Sukhothai

THAI

Die einzelnen Häuschen, die sich äußerlich so harmonisch in die Landschaft einfügen, sind innerlich auf dem neuesten Stand der Technik, versehen mit Computerterminals samt kostenlosem Internetzugang, gemütlichen Sitzecken und kleinen Snackbars sowie großzügigen Sanitärräumen, die nicht nur über Klimaanlage verfügen, sondern auch durch große, mit Fischen aller Couleur gefüllten Aquarien das Auge erfreuen.

Der Erbauer, Betreiber und Eigentümer dieses einzigartigen Airports ist Bangkok Airways, eine private Fluggesellschaft aus Thailand, die über fast zwei Jahrzehnte hinweg das Monopol auf der Insel Samui besaß. 1989 hatte sie den Flughafen eröffnet und in den letzten vier Jahren umfassend erneuert und vergrößert, so dass nun Kapazitäten geschaffen worden sind für bis zu vier Millionen Passagiere pro Jahr. 2007 waren gerade einmal 1,4 Millionen Fluggäste gezählt worden, 2008 sollten es schon 1,5 Millionen werden.

Angekurbelt wird das Wachstum am Samui Airport nicht nur durch die steigenden Urlauberzahlen vor Ort, die Bangkok Airways durch den Einsatz größerer Flugzeuge generiert, sondern auch, weil seit Anfang 2008 sowohl Thai Airways als auch die malaysische Firefly die Erlaubnis haben, den Samui Airport anzufliegen. Denn die Zahl der Flugbewegungen auf Samui ist aus

Umweltschutzgründen von der thailändischen Luftfahrtbehörde limitiert, wurde aber um einige Flüge pro Tag heraufgesetzt, so dass auch andere Fluggesellschaften auf das beliebte Eiland zum Zuge bzw. Fluge kommen. Gleichfalls konnte der Airport auch für den Einsatz von Boeing 737-400 und Airbus A319 zugelassen werden. Auch hier gab es zuvor eine Beschränkung, so dass Bangkok Airways ausschließlich mit ATR 72 oder maximal Boeing 717 her fliegen konnte.

Die Gründe dafür waren aber weniger im Umweltschutz als vielmehr im Runwaysystem zu suchen, und erst nachdem der Aufsetzpunkt auf der 2.060 Meter langen Piste 17 näher zur Schwelle verlegt worden war, wurde der Weg im wahrsten Sinne des Wortes auch für größere Jets frei.

Dies Maßnahme wiederum erforderte die Verlegung der Terminals, doch da ohnehin eine Vergrößerung der Abfertigungseinrichtungen anstand, hatte man sich bei Bangkok Airways dazu entschlossen, diese ein Stück weiter südöstlich und gänzlich neu zu errichten. Die alten Gebäude, die schon im gleichen landes- bzw. inseltypischen Stil wie die des „neuen Airports" angelegt waren, mussten dann nur mehr zurückgebaut werden, um die nötige Sicherheitszone zur Runway 17/35 zu schaffen.

Der Samui Airport, der übrigens der erste private Flughafen in Thailand ist, diente nach seiner Eröffnung als Sprungbrett für die damals noch junge Bangkok Airways. Diese erst entwickelte den Tourismus auf der Insel, und auch wenn die Route Bangkok – Samui nach wie vor die Rennstrecke vor ist, so können Airline und Airport mittlerweile doch auf ein recht beachtliches Streckennetz blicken. Denn ab Samui geht es täglich nach U-Tapao, Phuket sowie Singapur und mehrmals wöchentlich nach Chiang Mai, Krabi und Hongkong. Dazu kommen die Dienste anderer Airlines wie eben die von Thai Airways, Berjaya Air und Firefly, die das Kleinod im Golf von Thailand zusätzlich mit Kuala Lumpur und Penang verbinden. Und vielleicht geht es ja bald auch schon nach Schanghai und Dubai. ■

Der Urlaub beginnt auf Samui bereits am Flughafen, dessen Palmenhäuser sich äußerlich harmonisch in die Landschaft integrieren und innen auf dem neuesten Stand der Technik mit Wireless Lan, Klimaanlage und luxuriösen Toiletten samt Aquarium präsentieren.

Lukla Airport

Flug gegen den Berg

Nur sogenannte STOL-Flugzeuge wie die Dornier Do 228 von Agni Air im Bild rechts und Helikopter können den kleinen Flugplatz am Fuße des Mount Everest anfliegen. Für die Bewohner ist der Lufttransport lebenswichtig, denn so gelangen sie nicht nur an auf 3.000 Metern Höhe rare Lebensmittel, sondern können auch alte und kranke Menschen in die Hauptstadt transportieren.
Bergsteiger und Trekker dagegen nutzen Lukla als Ausgangsort für ihre Touren.

Nicht für jeden dürfte hingegen eine Landung im nepalesischen Lukla erstrebens- bzw. erlebenswert sein. Gerade wer unter Flugangst leidet oder wen zumindest ein leichtes Unbehagen in der Luft befällt, wird den eigenen Wagemut verfluchen, sobald sich das Flugzeug über den letzten Pass gequält, an den letzten Bergflanken vorbei gequetscht hat. Denn dann sieht er am Ende des Tals, weit vor und unter sich ein aberwitzig kurzes Stück Asphalt, das schnurgerade auf einen Berg zuläuft. Und genau auf dieses kurze Stück Asphalt, auf diesen Berg, halten die Piloten des kleinen Flugzeugs zu. Eng an diesen Berg geschmiegt, erheben sich die blauen Dächer des Dorfes Lukla. Hier, knapp 2.800 Meter über dem Meeresspiegel, krallt sich die Piste des örtlichen Flugplatzes in den Fels.

Dessen Bau war erst in den 1960er-Jahren von Sir Edmund Hillary angeregt worden. Der Erstbezwinger des Mount Everest hatte in der Region viel bewirkt,

9N-AIE
AGNI AIR

N-AET

Den schwierigen Anflug auf Lukla dürfen in der Regel nur die erfahrensten Flugkapitäne durchführen, denn hier ist kaum ein Durchstartmanöver möglich.

hatte den Bau von Schulen und Krankenhäusern initiiert, und eben auch den des kleines Platzes. Dieser erhielt erst im Frühjahr 2008, Hillary und dessen einheimischen Bergkameraden Tenzing Norgay zu Ehren, einen neuen Namen: Tenzing Hillary Airport. Der Name dieser beiden Bergsteiger passt eigentlich ganz gut für einen Airport, dessen einzige Start- und Landebahn den Piloten ebenso großes Können abverlangt wie vielleicht die Durchquerung des Khumbu-Eisbruchs den hochalpinen Kletterern auf den Weg zum Gipfel des Everest. Denn die einzige Start- und Landebahno 06/24 ist nur 527 Meter kurz, nach Nordosten hin wird sie durch den Berg begrenzt, im Südwesten fällt der karg bewachsene Fels kurz hinter der Schwelle an die 700 Meter ab in die Tiefe. Und als wäre das noch nicht genug, verfügt die Piste auch noch über ein Gefälle von 11,75 Prozent; immerhin geht es nach der Landung relativ steil bergauf, was sich beim Bremsen positiv auswirkt und beim Start abwärts an die Spur auf einer Sprungschanze erinnert.

Alles in allem ist der Platz schwierig und ausschließlich unter Sichtflugbedingungen anzufliegen, weshalb beispielsweise die größte nepalesische Fluggesellschaft Yeti Airlines in Lukla nur ihre Kapitäne landen lässt. Und das auch nur dann, wenn die zuvor zwei Jahre lang an der Seite eines noch erfahreneren Kommandanten nach Lukla mitgeflogen sind.

Erst Anfang des Jahrtausends war die Start- und Landebahn in Lukla überhaupt asphaltiert worden; zuvor starteten und landeten die Flugzeuge auf einer Grasbahn. Wegen ihrer Länge bzw. eben Kürze können die Fluggesellschaften in Lukla nur Flugzeuge einsetzen, die über sogenannte STOL-Eigenschaften (Short Take-off and Landing) verfügen wie die de Havilland DHC-6 „Twin Otter“ oder die Dornier Do 228, die hier oben die beiden meist gesichteten Muster sind.

Das kleine Vorfeld bietet Platz für vier Flugzeuge, die in jeweils fünf bis sieben Minuten abgefertigt werden. In Lukla erfolgt das Ground Handling komplett in Handarbeit; Röntgengeräte für die Gepäckdurchleuchtung, Förderbänder etc. gibt es nicht, so dass sowohl Koffer als auch Passagiere und ihr Handgepäck beim Check-in manuell durchsucht werden. Auch die Be- und Entladung der Flugzeuge erfolgt von Hand, ebenso wie der An- oder Weitertransport von Frachtgütern entweder auf den Rücken von Yaks oder menschlichen Trägern geschieht, denn in Lukla gibt es weder Straßen noch Autos, sondern bestenfalls grob gepflasterte Wege.

Der Kontrollturm, der sich jenseits der Start- und Landebahn und gegenüber des kleinen Terminals befindet, ist in der Regel von zwei Lotsen besetzt, die nicht nur den Flugverkehr der Flugzeuge, sondern auch der

Helikopter regeln, denn Lukla verfügt rund 100 Meter unterhalb des Towers auch über einen Heliport. Vor allem mit den Hubschraubern lassen sich besonders abgelegene Hochgebirgsregionen bedienen.

In Nepal, von dessen Fläche rund 40 Prozent über 3.000 Meter hoch liegen, sind die Menschen auf den Luftverkehr angewiesen. Die Luftfahrt ist inzwischen überlebenswichtig geworden, und so weist das knapp 30 Millionen Einwohner zählende Land über 25 aktive Flughäfen auf. 14 Fluggesellschaften, davon fünf Helikopterbetreiber, verbinden die größeren Ortschaften mit den unzugänglichsten Regionen.

Ein Straßennetz gibt es vor allem im Katmandu-Tal sowie weiter westlich im Pokhara-Tal sowie im Süden, im Tiefland. Im Mittelteil und in den Gebirgsregionen muss man überwiegend zu Fuß gehen: Kranke werden unter Umständen stundenlang bis zum nächsten Flugplatz getragen, um von dort ins Krankenhaus geflogen zu werden, und die Bewohner abgelegener Dörfer müssen zum Teil acht oder mehr Stunden wandern, bis sie ihr Heim nach einem Ausflug zum Markt wieder erreichen. Auf dem Rücken transportieren sie nicht selten schwerste Lasten; 90 Kilogramm trägt ein Mann, bis zu 60 Kilo eine Frau, heißt es in der Everest-Region. ■

Der Start in Lukla ist spektakulär, denn die Piste neigt sich um 11,75 Prozent. Danach geht es mehrere hundert Meter steil bergab – genug Luft für die Flugzeuge, um Fahrt aufzunehmen.

Mataveri International Airport

Am Nabel der Welt

Die chilenische LAN ist die einzige Fluggesellschaft, die den internationalen Flughafen der Osterinsel im Liniendienst anfliegt. Deren kulturelles Erbe offenbart sich in der Architektur des Airports und in Skulpturen, die von einheimischen Künstlern geschaffen wurden.

Fast genau auf der entgegen gesetzten Seite des Globus, aber etwas mehr als 2.700 Höhenmeter tiefer gelegen als Lukla, befindet sich eine mindestens ebenso ungewöhnliche und doch völlig andere Welt. Der Nabel der Welt nämlich, zumindest aus Sicht der Rapa Nui, die ihre Insel als solchen betrachteten und sie dementsprechend auf polynesisch „Te Pito o Te Henua" nannten. In anderen Breiten ist dieser Nabel als Osterinsel bekannt, und die liegt inmitten des pazifischen Ozeans: Knapp 4.000 Kilometer nach Osten bis zum chilenischen Festland, etwas mehr noch nach Tahiti in westlicher Richtung und rund 2.000 Kilometer ebenfalls nach Westen bis zur nächsten bewohnten Insel. Das ist Pitcairn, die von den Nachfahren der berühmten Meuterer von der „Bounty" besiedelt ist.

Und wenn der Flughafen von Lukla Ähnlichkeiten mit einer Sprungschanze aufweist, so erscheint der Anflug

LAN

auf die Osterinsel wie der auf einen Flugzeugträger. Entlang einer Einschnürung am südwestlichen Zipfel des triangular geformten Eilands erstreckt sich wie ein Flugdeck die Start- und Landebahn 10/28 des Mataveri International Airports.

Bis in die 1950er-Jahre hinein war die Insel ausschließlich auf dem Wasserweg zu erreichen. Aber am 20. Januar 1951 schwebte erstmals der Luftwaffenpilot Roberto Parrangue Singer in einer Catalina auf der frisch angelegten, 600 Meter langen Piste in Mataveri ein. Zwei Jahre später wurde dort ein richtiger Flugplatz errichtet, der am 26. Januar 1954 eingeweiht werden konnte. In den folgenden Jahren wurden rudimentäre Navigationshilfen eingerichtet, die USA erhielten die Genehmigung, eine Satellitenanlage zu installieren, und 1967 führte Lan Chile den ersten Flug mit einer Douglas DC-6B durch, um ihre Dienste im Jahr darauf bis nach Tahiti zu erweitern. Die Piste 10/28 wurde fortlaufend verlängert, erhielt ihre heutigen Ausmaße von 3.300 Metern aber erst 1986: Die NASA hatte den Ausbau finanziert, um sich auf der Osterinsel einen Ausweichflughafen für ihr Space Shuttle zu sichern. Damit war der Weg frei für Großraumflugzeuge, seither boomt der Tourismus, und 2007 konnten an dem kleinen Airport, der seine heutige Gestalt mit dem ebenerdigen Terminal erst 1982 erhalten hatte, rund 80.000 Passagiere abgefertigt werden.

Nach wie vor ist LAN die einzige Fluggesellschaft, die den Mataveri International Airport im Liniendienst anfliegt – teilweise auf dem Weg von Santiago nach Papeete bzw. umgekehrt. Acht wöchentliche Flüge führt LAN während der Sommer-, sechs während der Wintermonate durch, diverse Charterflüge müssen sich dazwischen einreihen – mit gehörigem Sicherheitsabstand. Denn wegen seiner abgeschiedenen Lage mitten im Ozean gibt es für Mataveri eigentlich keinen Ausweichflughafen. Ist ein Flugzeug gestartet, muss das nächste

Die Start- und Landebahn des Mataveri International Airports erstreckt sich entlang einer Einschnürung der von vulkanischen Eruptionen geprägten Insel, nur wenige Gehminuten vom Hauptort Hanga Roa entfernt.

Für Notfälle stehen am Airport zwei Cessna Skymaster der chilenischen Luftwaffe bereit. Die allerdings bekommen die Touristen auf der Insel eher nicht zu sehen. Deren Interesse gilt ohnehin den steinernen Monumenten, den Moai, die die Küsten säumen wie hier in Tahai und die Insel weltberühmt gemacht haben.

so lange mit dem Anflug auf die Osterinsel warten, bis das erste so weit weg ist, dass es in einem Notfall nicht mehr umkehren, sondern den Flug nur mehr zum Festland beziehungsweise nach Tahiti fortsetzen kann. Im Falle der 767 von LAN bedeutet das, dass der nächste Flug erst zwei Stunden und zehn Minuten später auf die Osterinsel zuhalten darf. Handelt es sich gar um ein Transportflugzeug wie die Hercules, verlängert sich diese Zeitspanne auf über vier Stunden.

Die Hercules ist gar kein so seltener Gast am Mataveri International Airport. Denn die Osterinsel verfügt über keinen hochseetauglichen Hafen, und alles, was nicht in den Bauch der 767 von LAN passt, muss mit Transportflugzeugen hergebracht werden. Doch auch der Leistungsfähigkeit einer Hercules sind Grenzen gesetzt, wie sich im Jahr 2007 gezeigt hat. Ein neues Löschfahrzeug mit 12.000 Litern Wasservolumen sollte für den Airport beschafft werden. Es kam per Schiff, das vor dem einzigen nennenswerten Strand der Insel, in Anakena im Nordosten des Eilands, auf ruhiges Wetter warten musste, um seine Fracht sodann über die Bugklappe rund 50 Meter vor dem Ufer abladen zu können. Den Rest des Weges durch das seichte Wasser und dann von Anakena bis nach Mataveri legte der Löschzug aus eigener Kraft zurück.

Jegliche Neuerung der Infrastruktur auf der Insel ist ein einziger Kraftakt, weshalb zum einen hervorragend improvisiert wird, zum anderen nicht unbedingt notwendige Investitionen erst einmal verschoben werden. So wurde beispielsweise ein Teil der quer durch die Insel von Mataveri nach Anakena führende Straße mit dem alten Belag der Start- und Landebahn asphaltiert, nachdem diese renoviert worden war. Und so wird zum anderen der Bau eines neuen und modernen Terminals östlich des bestehenden bereits seit Jahren geplant, aber immer wieder verschoben. Doch das kleine Terminal aus den achtziger Jahren trägt durchaus zum Reiz der Insel bei, deren Wunder übrigens auch den Transitreisenden von Tahiti zum Festland nicht verschlossen bleiben müssen. Schon die knappe Stunde, die LANs 767 auf ihrem Stopp zwischen Papeete und Santiago steht, reicht aus, um neugierige Passagiere in einen Bus zu packen und zu dem nur fünf Autominuten entfernten Freilichtmuseum Tahai mit seinen berühmten Moai, den riesigen Steinfiguren, die die Rapa Nui vor hunderten von Jahren errichteten, zu karren. ■

Die Schwierigsten

Gänsehautfaktor

Der Mariscal Sucre International Airport liegt inmitten der ecuadorianischen Stadt Quito, die wiederum auf 2.800 Metern Höhe umringt wird von den Gipfeln der Anden. Wegen mehrerer Unfälle und der Unmöglichkeit, den Flughafen zu erweitern, soll er in wenigen Jahren durch einen neuen Airport in weniger anspruchsvollem Gelände ersetzt werden.

Es gibt Flughäfen – und es gibt Flughäfen. Die einen liegen ausgebreitet auf vielen hundert oder tausend Hektar, bieten fast wie zur Auswahl mehrere Start- und Landebahnen, die wiederum so lang und breit sind wie man(n) im Cockpit es sich nur wünschen kann. Dann wiederum gibt es Airports, die zwar große Hubs für noch größere Metropolen sind, aber dafür auch inmitten dieser Moloche angesiedelt sind. Man denke nur an den berühmten alten Flughafen von Hongkong, Kai Tak, dessen 3.390 Meter lange Start- und Landebahn 13/31 zwar ins Meer hinein gebaut war, der aber aufgrund der vorherrschenden Winde meist von der Landseite angeflogen werden musste. Aufgrund einer Gebirgskette im Hinterland war kein direkter Anflug möglich, weshalb der Gleitpfad nicht zur Landebahnschwelle führte, sondern zu einem kleinen Berg, der mit einem rot-weißen Checkerboard versehen war. Beim Erreichen dieses Haupteinflugzeichens musste der Pilot eine Kurve um 43 Grad einleiten, um auf den Landekurs zu kommen, danach blieben wenige Sekunden, um das Flugzeug zum Aufsetzen auszurichten. Der spektakuläre Anflug, der dicht über das Häusermeer der Stadt führte, war für die Passagiere gewöhnlich ein Höhepunkt ihrer Reise, während die Piloten, die Kai Tak anfliegen wollten, dazu eine spezielle Lizenz erwerben mussten.

Ein spezielles Training ist für viele Großflughäfen vonnöten, vor allem, wenn sie im Hochgebirge liegen. Man denke nur an den Flughafen von Katmandu, für den eine Fluggesellschaft in der Regel erst einmal spezielle An- und Abflugverfahren entwickeln muss, bevor sie ihn überhaupt ansteuern darf. Katmandu liegt 1.300 Meter über dem Meeresspiegel in einem Talkessel von etwa 30 Kilometern Durchmesser, die umliegenden Berge ragen bis zu 2.700 Meter auf. Entsprechend müssen die Piloten den An- und Abflug auf KTM, so das IATA-Kürzel, zunächst im Simulator trainieren, um auch im Falle eines Notfalls, beispielsweise beim Ausfall eines Triebwerks nach dem Start, die lebensrettenden Flugrouten und -höhen aus dem Effeff zu kennen.

Nur eine Chance gibt es beim Anflug auf das nepalesische Lukla, und ähnlich sieht es beim Alejandro Velasco Astete International Airport im peruanischen Cuzco aus. Der Flughafen – internationales Tor zur berühmten Inka-Stadt Machu Picchu – liegt inmitten der Anden auf 3.310 Metern Höhe, nicht selten in Wolken. Die Start- und Landebahn 10/28 ist 3.397 Meter lang, was für diese Höhe allerdings nicht unbedingt viel ist, verfügt über kein Instrumenten-Landesystem, und darüber hinaus können Landungen grundsätzlich nur in Richtung Westen, also auf der Bahn 28, durchgeführt werden.

Noch prekärer ist der Anflug auf den Toncontin International Airport von Tegucigalpa in Honduras. Die Runway dort ist mit 1.863 Metern eine der kürzesten, wenn nicht die kürzeste, eines internationalen Verkehrsflughafens überhaupt, und das größte für diesen Airport zugelassene Flugzeugmuster ist die Boeing 757. Der Airport liegt sechs Kilometer außerhalb der Stadt in unmittelbarer Nähe hoher Berge 1.004 Meter über dem Meeresspiegel. Landeanflüge und Starts erfordern einen wesentlich steileren Winkel als üblich, schlechtes Wetter bei der Landung zwingt automatisch zu den Ausweichflughäfen San Salvador oder San Pedro Sula. Mehrere tödliche Unfälle während des Landeanflugs überschatten die Geschichte von TGU, so das Kürzel dieses Airports. Die letzte Tragödie ereignete sich am 30. Mai 2008, als eine A320 von TACA die Landebahn überschoss. Der Flugbetrieb soll nun möglicherweise ganz auf die 65 Kilometer entfernte US Air Base Soto Cano verlegt werden, die über eine 2.700 Meter lange Piste verfügt.

Nicht minder schwierig ist die Landung auf dem Mariscal Sucre International Airport im ecuadoriani-

Der Flughafen Funchal auf Madeira war berühmt-berüchtigt für seine kurze Bahn, die an einem Steilhang 60 Meter über dem Meer liegt. Im Jahr 2000 wurde die Piste endlich mit der notwendigen Länge ausgestattet, so dass sich Funchal heute rühmen darf, über die einzige Runway auf Stelzen zu verfügen.

schen Quito. Er verfügt mit seiner 3.120 Meter langen Piste 17/35 über eine Kontinentalbahn. Zumindest wäre dem so in einer anderen Umgebung, doch UIO wie sein IATA-Code lautet, liegt nicht nur in einem schmalen Längstal inmitten von vier- bis fünftausend Meter hohen Bergen, sondern auch noch mitten in der Stadt 2.800 Meter über dem Meeresspiegel. Die Landung hier kann durchaus gefährlich werden, zumal bei schlechtem Wetter mit minimaler Sicht und starken Winden. Dennoch wird Quito von Großraumgerät auch aus Kontinentaleuropa bedient. Zuletzt kam der Airport in die Schlagzeilen, als im November 2007 eine A340-600 von Iberia von der Landebahn abkam, wobei das Fahrwerk einbrach und zwei Triebwerke beschädigt wurden. Sechs schwerere Unfälle und mehrere Vorfälle in den vergangenen Jahren sowie die Tatsache, dass der Airport aufgrund seiner Lage nicht ausgebaut werden kann, gaben den Ausschlag, dass knapp 20 Kilometer östlich der Stadt ein neuer internationaler Flughafen errichtet wird, der bis 2010 den Betrieb aufnehmen soll.

Nach einem neuen Flughafenstandort wurde auch im Königreich Bhutan gefahndet. Der einzige Airport des Landes befindet sich in Paro (PBH), auf 2.200 Metern Höhe im Westen des Himalaja. Anzusteuern ist

Die 1.829 Meter lange Piste des britischen Gibraltar Airports ragt ähnlich wie die des ehemaligen Flughafens von Hongkong ins Meer. Sie wird von der einzigen Straßenverbindung nach Spanien, der Winston Churchill Avenue, gekreuzt, die bei jeder Flugbewegung gesperrt werden muss.

der Airport ausschließlich unter Sichtflugbedingungen, denn die bis zu 7.000 Meter hohen Berge ringsum machen den Einsatz eines Instrumenten-Landesystems unmöglich; bei schlechter Sicht ist der Platz gesperrt. Mit seiner 1.950 Meter kurzen Bahn ist PBH ohnehin nur mit wenigen Flugzeugmustern anzufliegen, und die staatliche Fluggesellschaft Druk Air hat erst im Jahr 2006 ihre beiden BAe 146, die dank ihrer hervorragenden Sinkflugeigenschaften den steilen, aber direkten Weg über die Berge und Hügel hinunter zur Landebahn nehmen konnten, durch größere A319 ersetzt. Die wiederum sind nur für flachere Anflüge zugelassen und müssen dem Verlauf der schmalen Täler folgen, um erst im letzten Moment auf die Landebahn einzukurven.

Eine ganz andere Landschaft als die Airports im Hochgebirge, aber nicht weniger spektakulär bietet dagegen die Karibikinsel St. Maarten. Deren Princess Juliana Airport (SXM) wird überwiegend von Langstreckenflugzeugen angeflogen, für die die einzige Runway 9/27 mit ihren 2.349 Metern durchaus lang genug ist, zumal sie gerade einmal vier Meter über dem Meeresspiegel liegt. Allerdings befindet sich die Schwelle der Piste 09 nur wenige Meter vom Strand entfernt. Bei der Landung schweben die riesigen Flugzeuge daher in gerade einmal zehn bis zwölf Metern Höhe über Strand, Fotografen und Sonnenanbeter hinweg. Östlich der Start- und Landebahn erheben sich dichtbewachsene Hügel, weshalb die Flugzeuge beim Start auf dieser Piste schnell Höhe gewinnen müssen. So geben die Piloten am anderen Ende der Startbahn in der Regel bereits vollen Schub, ehe sie überhaupt die Bremsen lösen, um schneller Fahrt aufzunehmen. Dies birgt zwar keinen Nachteil für die Passagiere, sorgt jedoch für ein unangenehmes Peeling bei den Zaungästen am Strand, da die Triebwerke Sand und Steine aufwirbeln.

Doch wer glaubt, dass derlei Attraktionen nur in Übersee oder Asien zu finden seien, täuscht sich. Einen ähnlich spektakulären Platz wie den von St. Maarten gibt es auch in der griechischen Inselwelt mit Skiathos. Zudem kann Europa mit dem Flughafen Funchal auf Madeira, IATA-Code FNC, punkten. Der nämlich wies über Dekaden hinweg eine der gefürchtesten Runways weltweit auf. Die Piste 5/23, an einem Steilhang knapp 60 Meter über dem Atlantik gelegen, war jahrzehntelang gerade einmal 1.600 Meter kurz. In den 1980er-Jahren wurde die Bahn um 200 Meter verlängert, und seit dem Jahr 2000 erstrahlt sie in völlig neuem Glanz. Ein Meisterstück der Ingenieurskunst hatte den Airport seines schlimmsten Stachels beraubt, denn eine Brücke, die auf über 100 bis zu 60 Meter hohen im Erdreich und Meeresboden verankerten Pfeilern ruht, stützt die Verlängerung der heute 2.777 Meter langen Start- und Landebahn.

Doch, und das sollte niemals vergessen werden, sorgen nicht nur spektakuläre oder einzigartige geographische Gegebenheiten von Airports für die eine oder andere Schwierigkeit beim Flugverkehr. Auch Wetterphänomene – schlechte Sicht, extreme Winde – können einen Routineanflug auf einen ganz normalen Flughafen zur plötzlichen Herausforderung für die Piloten machen. Es gilt also nur bedingt, einzelne Airports als gefährlich oder schwierig zu beschreiben, denn ein unvermutetes Ereignis kann auch den größten und bestausgestatteten Flughafen zur Falle machen.

Allein die Bedachtsamkeit, die Weitsicht und die Erfahrung der Männer und Frauen im Cockpit ebenso wie der in den Kontrolltürmen und in der Bodenabfertigung sorgen für den sicheren Flugbetrieb, den wir im wahrsten Sinne des Wortes täglich erleben dürfen. ■

Der Anflug auf den Flughafen von Paro im Königreich Bhutan erfolgt ausschließlich im Sichtflug, weil die hohen Berge ringsum den Einsatz von Navigationsgeräten unmöglich machen.

Ausgewählte Flughäfen aus dem deutschsprachigen Raum auf einen Blick

Flughafen (Land)	Passagiere 1) 2007	Veränderungen zu 2006 in %	Prognose 2008	Flugbewegungen 2) 2007	Veränderungen zu 2006
Allgäu Airport (D)	171.448	7.239,4	400.000	5.625	114,2
Altenburg-Nobitz (D)	128.977 2)	35,7	k. A.	7.612 2)	13,2
Berlin gesamt (D)	20.039.113	8,3	> 20.000.000	227.663	1,6
-Schönefeld	6.331.191	4,5		58.198	-0,8
-Tegel	13.357.741	13,1		145.423	8,3
-Tempelhof	350.181	-44,8	5)	24.042	-22,6
Bern (CH)	97.892	-10,3	130.000	10.191	-1,1
Braunschweig (D)	60.734 2)	5,6	rd. 60.000	9.498 2)	-0,6
Bremen (D)	2.232.018	31,5	2.600.000	36.366	14,2
Dortmund (D)	2.155.057	6,7	2.400.000	32.223	-1,7
Dresden (D)	1.849.836	0,7	1.900.000	28.789	-2,1
Düsseldorf (D)	17.831.248	7,5	leichtes Plus	220.162	6,4
Erfurt (D)	315.769	-11,4	336.000	8.308	0,5
EuroAirport (CH)	ca. 4.270.000	6,3	ca. 4.500.000	82.024	0
Frankfurt (D)	54.161.856	2,6	6)	485.915	0,7
Friedrichshafen (D)	621.785	-1,3	694.500	11.553	-1,1
Genf (CH)	10.806.662	9,5	11.200.000	128.986	8,7
Graz (A)	948.140	3,9	1.000.000	17.789	2,8
Hahn (D)	4.014.898	8,4	4.700.000	38.902	5,1
Hamburg (D)	12.78. 631	6,9	13.000.000	151.377	4,0
Hannover (D)	5.644.582	-1,0	5.820.000	76.263	0
Hof-Plauen (D)	27.164 2)	10,6	30.000	2.888 2)	6,3
Innsbruck (A)	859.832 7)	6,8	leichtes Plus	14.394 7)	0,4
Karlsruhe/Baden-Baden (D)	978.910	17,1	1.065.000	8.593	22,1
Köln/Bonn (D)	10.471.657	5,7	10.700.000	138.837	-0,2
Leipzig/Halle (D)	2.719.256	16,2	2.300.000	41.648	23,9
Linz (A)	773.624	1,5	782.000	14.290	12,5
Lübeck (D)	595.659 7)	-9,0	k. A.	4.579	-4,2
Lugano (CH)	189.781	0,5	200.000	9.592	-0,5
München (D)	33.959.422	10,4	6)	419.977	5,1
Münster/Osnabrück (D)	1.606.425	3,6	k. A.	30.072	-5,3
Niederrhein (D)	585.403	45,0	1.500.000	7.277	67,0
Nürnberg (D)	4.238.275	7,0	4.300.000	63.554	2,6
Paderborn/Lippstadt (D)	1.234.000	-2,0	1.280.000	41.468	1,6
Rostock-Laage (D)	192.744	14,1	193.000	9.855	13,8
Saarbrücken (D)	349.953	-16,7	570.000	11.051	0,6
Salzburg (A)	1.946.422 7)	3,6	k. A.	21.918 7)	1,9
St. Gallen-Altenrhein (CH)	101.000	1,0	103.000	2.574	3,0
Stuttgart (D)	10.321.438	2,1	10.500.000	146.022	0,9
Sylt (D)	133.046	17,0	140.000	15.614	2,0
Wien (A)	18.768.468	11,3	20.270.000	254.870	7,3
Zürich (CH)	20.682.094 7)	7,8	6)	244.367 2)	3,0

1) Gesamt an + ab, inkl. Transit
2) gewerblicher Verkehr
3) in Tonnen, gesamtverkehr, inkl. Transit und Trucking
4) ohne Trucking
5) soll am 31. Oktober geschlossen werden
6) börsennotiertes Unternehmen, deshalb keine Angaben vor der Bilanzpressekonferenz
7) Linie und Charter
8) 2007 kein Passagierverkehr

Fracht 3) 2007	Veränderungen zu 2006 in %	Prognose 2008	Internet-Adressen
20	10)	100	www.allgaeu-airport.de
20,3	95,2	k. A.	www.flughafen-altenburg.de
29.634	9,1	30.300	www.berlin-airport.de
4.138	-0,9	4.200	www.berlin-airport.de
24.957	11,4	25.650	www.berlin-airport.de
539	-6,9	450	www.berlin-airport.de
-	-	-	www.flughafenbern.ch
38,4	58,1	k. A.	www.flughafen-braunschweig.de
30.636	16,4	33.000	www.airport-bremen.de
9.964	18,8	10.000	www.flughafen-dortmund.de
10.043	24,6	9.140	www.dresden-airport.de
58.336 4)	-3,0	leichtes Plus	www.duesseldorf-international.de
4.438 4)	-7,9	4.500	www.flughafen-erfurt.de
107.450	12,0	111.000	www.euroairport.com
2.095.292 4)	1,9	6)	www.fraport.de
84	3,7	10	www.fly-away.de
k. A.	k. A.	k. A.	www.gva.ch
11.319	13,0	11.550	www.flughafen-graz.at
289.404	9,0	310.000	www.hahn-airport.de
84.500	9,3	k. A.	www.ham.airport.de
6.912 4)	16,1	18.000	www.hannover-airport.de
2.825	-43,5	k. A.	www.airport-hof.de
5.265,5	20,4	5.400	www.innsbruck-airport.com
1.183	118,8	2.000	www.baden-airpark.de
719.076	3,0	570.000	www.koeln-bonn-airport.de
104.182	226,7	310.000	www.leipzig-halle-airport.de
34.672	2,4	39.000	www.linz-airport.com
-	-	-	www.flughafen-luebeck.de
67,2	-14,1	k. A.	www.lugano-airport.ch
257.873 4)	11,3	6)	www.munich-airport.de
13.915	9,5	k. A.	www.fmo.de
41,1 9)	0	› 500	www.airport-weeze.de
106.982	8,9	109.000	www.airport-nuernberg.de
6.150	20,0	6.500	www.airport-paderborn.com
555	17,8	1.500	www.rostock-airport.de
16 4)	128,6	k. A.	www.flughafen-saarbruecken.de
7.895,5	4,9	k. A.	www.salzburg-airport.at
-	-	-	www.stgallen-airport.ch
20.101 4)	-0,9	20.100	www.stuttgart-airport.com
-	-	-	www.flughafen-sylt.de
272.362	2,5	k. A.	www.viennaairport.at
483.913	3,0	6)	www.flughafen-zuerich.ch

9) Frachtverkehr erst im November aufgenommen
10) keine Fracht im Jahr 2006
k. A. = keine Angaben › = mehr als
Klagenfurt stellte keine Zahlen zur Verfügung. Quellen: ADV bzw. Angaben der Flughäfen

Dietmar Plath
Der 1954 geborene Otterstedter gehört zu den erfahrensten Fotografen in der Welt zwischen Himmel und Erde. Über 110 Länder auf allen Kontinenten besuchte Dietmar Plath, um interessante Flugzeuge in den kühnsten und exotischsten Farben und Bemalungen oder vor faszinierenden Landschaften festzuhalten und der Öffentlichkeit zu vermitteln. Neben vielen Kalendern demonstrieren zahlreiche Luftfahrtbücher und Bildbände sowie eindrucksvolle Fotoreportagen in verschiedenen Fachmagazinen sein vielseitiges Repertoire. Seit 1997 ist er Chefredakteur von Aero International.

Brigitte Rothfischer
wurde 1966 in Nürnberg geboren. Die Fliegerei faszinierte sie von Kindesbeinen an, und so konnte ein sprachwissenschaftliches Studium an der Ludwig-Maximilians-Universität in München nur ein Umweg zu einer intensiven Beschäftigung mit der Luftfahrt sein. Seit September 1995 arbeitet sie als Redakteurin bei Aero International, wo sie sich vorrangig mit den Themenbereichen internationale Flughäfen und Fluggesellschaften sowie Pilotenausbildung beschäftigt. Darüber hinaus hat sie das Buch „Flughäfen der Welt“ sowie zusammen mit ihren Kollegen Dietmar Plath und Achim Figgen „Das große Buch der Verkehrsflugzeuge“, „Das große Buch der Transportflugzeuge“ sowie das „Taschenbuch der Verkehrsflugzeuge“ geschrieben.

Alle Luftbildaufnahmen und Grafiken stammen von den jeweilen Flughäfen

ADAC: 109-111
Aeroports de Paris: 40–43
Air Team Images: Jean 32/33, Ismael Jordan 71 o, Andrew Hunt 92
Archiv Dietmar Plath: 8–17
British Airways: 30
DGAC Matavari Airport: 148
Dietmar Plath: 6, 20, 23, 33, 50 o. 59, 60, 65 re., 73 o, 73 li, 78 u. re, 83 u, 84/85, 87, 89 u., 90/91, 93, 94, 95, 96/97, 98, 100 o, 112/113, 114, 115, 116, 117, 125, 132-147, 149, 150/151, 152, 153, 154/155
Emirates: 76 o, 105, 108
Flughafen München: 118–123
Flughafen Zürich AG: 128, 130, 131
Flughafen Wien AG: 124–127
Foster and Partners: 54–57
FRAPORT AG: 48/59, 50 u, 52/53, 86
Lufthansa: Konstantin von Wedelstädt 38
Jetblue: 69 u.
Qatar Airways: 103, 106, 107
RMJM: 88
The Port Authority of New York & New Jersey: 66, 67, 69 o.
www.baa.com/photolibrary: 28/29, 31

Jeppesen-Karten
Mit freundlicher Genehmigung von
Jeppesen Sanderson, Inc.
Not for navigational use!